도시를 안전하게 만드는 20가지 아이디어

사·례·로·이·해·하·는

실무자를 위한 범죄예방디자인

Crime Prevention Through Environmental Design

이경훈 강석진

기문당

서 문

날로 복잡화, 거대화, 익명화되어가는 현대의 도시, 건축환경에서 발생하는 각종 범죄문제는 단순히 피해자들뿐만 아니라 공간 내에서 생활하는 모든 사람의 삶의 질, 그리고 나아가서는 도시의 흥망을 가름하는 문제가 되고 있습니다. 그러나 주요 국가들의 범죄발생률이 점차 감소 혹은 정체 수준에 있는 것과 달리 우리나라는 최근까지도 범죄발생률이 지속적으로 증가해 왔으며, 더욱이 피해계층이 아동, 여성, 노인, 저소득자 등 사회약자 계층으로 집중되는 바람직하지 못한 양상을 보이고 있습니다. 국가 및 지방자치단체의 가장 중요한 책무가 국민의 안전보장이기 때문에 현 정부는 국정과제로서 '범죄로부터의 안전' 을 최우선적으로 강조하고 있으며, 이에 따라 다양한 시범사업, 정책 및 제도화가 진행되고 있습니다.

서울시에서는 2010년 처음 도시재정비촉진을 위한 조례 개정을 통해 재정비촉진계획에 환경설계를 통한 범죄예방에 관한 계획을 세우도록 의무화한 데 이어 경기도, 부산시, 울산시, 광주시, 대전시 등에서도 범죄예방을 위한 도시 혹은 환경디자인 조례를 제정하고 있습니다.

또한 2014년 500세대 이상의 공동주택, 오피스텔 등에서 범죄예방설계를 의무화하도록 건축법 제53조 2항이 개정되고 범죄예방설계기준이 최근 고시됨에 따라 대부분의 건축물에서 범죄예방설계가 의무화되는 단계에 이르렀습니다. 이와 같은 제도적 측면에서의 발전 이외에도 2012년 서울시 마포구 염리동에서 셉테드 시범사업이 추진된데 이어 부산시, 경기도 등 많은 지자체에서 경쟁적으로 다양한 셉테드 시범사업이 추진되고 있습니다. 뿐만 아니라 안전행정부의 '안심마을 만들기 사업' , 법무부의 '법질서실천운동 선도사업' 등 정부부처에서 추진하는 셉테드 시범사업도 활발하게 진행되고 있어서 범죄예방설계가 국내에 도입된 역사는 비록 일천하지만 짧은 시간 안에 빠르게 정착되어 가는 모습을 보이고 있습니다. 그러나 이러한 제도화 및 시범사업 전개과정에서 한편으로는 우려스러운 면도 나타나고 있는데, 눈에 보이는 단기성과에 급급하여 전시행정적 사업을 펼치는 사례, 예산부족과 범죄예방설계의 본질에 대한 이해 부족으로 인한 벽화 그리기, CCTV 등의 방범시설물 및 가로시설물 설치 일변도의 사업전개로 범죄예방설계의 본질이 왜곡되는 사례도 나타나고 있습니다.

이런 상황에서 실제 도시와 건축공간을 창조하는 건축가들의 범죄예방설계 원리에 대한 이해와 그에 기반한 디자인 개발능력은 매우 절실하다고 할 수 있지만, 건축실무자들이 활용할 수 있는 자료가 극히 제한적이며, 국내에서 현재 통용되는 각종 범죄예방설계 가이드라인 등이 대부분 해외 가이드라인을 단편적으로 차용하거나 건축 실무자들이 소화하기에는 그래픽을 통한 충분한 예시 등이 절대적으로 부족하다는 아쉬움을 갖고 있었습니다. 뿐만 아니라 한국토지주택공사가 공동주택현상설계 평가기준에 범죄예방설계를 포함시키기 시작한 것도 몇 년이 지났지만 아직도 건축설계사무소에서 제출하는 범죄예방설계 도면이 지극히 원론적이고 베끼기 수준에 그칠 뿐 새롭고 구체적인 디자인 해결책을 제시하지 못하는 것도 마음을 무겁게 했습니다.

이러한 문제를 고민하던 중 결국 건축실무자들이 범죄예방설계를 이해하고 새로운 디자인을 개발해내는 데 가장 도움이 될 수 있는 방법은 이미 개발된 범죄예방 디자인 사례를 예시로 설명하는 방식이라는 결론에 도달했습니다. 이때부터 저자가 지난 30여년 간 연구책임자로서 참여했던 각종 프로젝트에서 개발된 디자인 사례, 자문이나 **Master Planner** 역할로 참여했던 각종 시범사업에서 개발된 디자인 사례 등을 정리하기 시작하여 마침내 작은 결실을 보게 되었습니다. 물론 단기간 내에 준비하다 보니 부족한 부분이 많음을 고백하지 않을 수 없습니다. 그러나 건축법 개정으로 인해 혼란스러워 할 건축실무자들에게 하루라도 빨리 도움이 되고자 발간 시기를 앞당기다보니 해외 디자인 사례 등 미처 담지 못한 내용도 있습니다. 이러한 아쉬움은 개정판 혹은 후속판을 위해 남겨두기로 하였습니다.

본서는 고려대학교와 국립경상대학교 건축계획 및 공간행태 연구실에서 수행되어 온 각종 학술논문과 프로젝트의 집대성이기에 같이 연구를 수행한 연구실의 모든 학생들에게 감사의 말을 전합니다. 특히 공동저자인 강석진 교수는 저자의 아끼는 제자이자 범죄예방설계를 국내에 전파하고 알리는 데 있어서 평생의 학문적 동지로서, 원고를 실질적으로 정리하여 발간의 산파 역할을 하였기에 진심으로 감사를 드립니다.

또한 본서가 발간되기까지 초고를 보시고 단 한 마디 질문도 없이 흔쾌히 출판을 결정해 주신 기문당 강해작 사장님께 진심으로 감사드립니다.

범죄예방설계 관련 자료가 거의 없는 국내 현실에서 본서가 비록 건축실무자들을 최우선의 독자로 삼았으나 관련 공무원 및 학생, 그리고 일반인도 본서를 읽음으로써 범죄예방설계를 이해하는 데 도움이 되기를 기대합니다. 앞으로 지속적인 보완, 개편 노력을 통해서 보다 완성된 내용으로 본서를 발전시켜 갈 것을 약속드립니다.

2015년 5월 안암동 애기능 연구실에서

Contents

범죄예방디자인이 적용된 주거단지 사례

01 범죄예방디자인 필요성

본 장에서는 날이 갈수록 증가하는 도시범죄 문제에 대한 진단과 함께 이에 대한 대안으로서 범죄예방디자인의 필요성에 대해서 정리하였다.

1

사회안전과 범죄

일상에서의 안전문제

다양한 일상에서 바쁘게 살아가는 현대인들은 우리 사회를 얼마나 안전하게 느끼고 있을까? 내가 거주하고 있는 지역은 안전한가? 우리 아이들은 학교 등 일상에서 안전하게 생활하고 있을까? 늦은 밤 귀가길이나 인적이 드문 골목길은 얼마나 안전할까? 이러한 질문들은 항상 우리 마음속에서 풀리지 않는 숙제처럼 자리잡고 있다.

모든 국민의 가슴속에 상처로 남아 있는 세월호 참사나 겨울철 도시 곳곳에서 발생하고 있는 대규모 화재사고, 그리고 몇 년째 계속되고 있는 비이성적(또는 묻지마 범죄 등) 강력범죄와 같이 계속해서 끊이지 않고 보도되고 있는 각종 안전관련 사건과 사고 소식은 경제침체와 더불어 우리 사회를 우울하게 만들면서 언제쯤 우리는 마음 편안하고 행복하게 살 수 있을까라는 생각을 하게 만든다.

정부기관 및 연구소를 통해서 발표되고 있는 국민행복지수 관련 통계자료를 보더라도 많은 사람이 고용, 주거, 노후 등의 문제로 인해서 스스로를 행복하지 못하다고 생각하는데, 혹시 안전과 관련된 문제도 행복지수에 영향을 주는 것은 아닐까?

2008년과 2012년에 진행된 통계청 조사에서는 범죄가 불안 요인 1위로 나타난 바 있다.

실제로 2014년 통계청에서 발표한 사회조사 결과에 따르면 우리 국민의 절반 이상이 사회안전을 불안한 수준으로 인식하고 있으며, 안전을 위협하는 요인은 인재(21.0%)와 국가안보(19.7%), 범죄발생(19.5%) 순으로 나타났다.

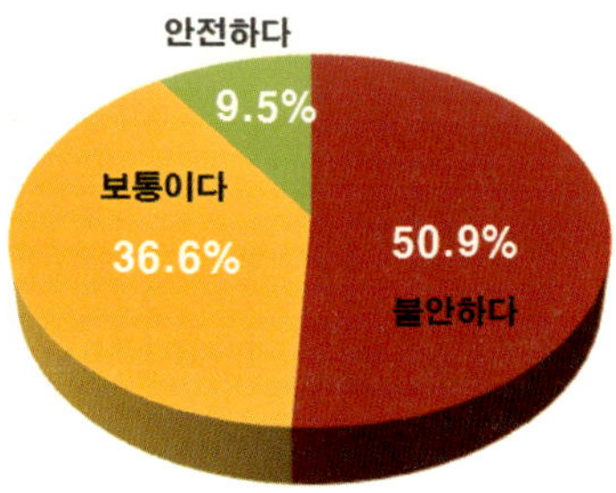

조사년도	사회불안 요인 1순위
2014년	인재(人災)
2012년	범죄
2010년	국가안보
2008년	범죄

2014년 통계청 사회조사 결과

이러한 안전의 문제는 인간의 역사와 함께 계속된 것으로 인간은 생명권이나 재산권과 같은 기본권을 보장받기 위해 안전을 위협하는 요인에 대해 법적인 제재를 가하고 물리적인 환경은 방어적인 관점에서 개선해왔다. 그러나 사회가 고도화되고 복잡성의 시대로 접어듦에 따라 예측하지 못한 돌발적인 상황이 계속 발생하고 있어 안전이라는 문제는 우리나라뿐 아니라 국제사회에서도 꾸준히 제기되고 있는 시대의 화두이자 필수적으로 해결해야 하는 난제라 할 수 있다.

우리 사회의 범죄문제

경찰청 통계자료에 따르면 2013년 기준 우리나라에서는 1,857,276건의 범죄가 발생했는데, 이는 인구 100,000명당 3,698.3건의 범죄가 발생하는 수준이며 교통범죄(1,141.9건), 지능범죄(656.0건), 폭력범죄(585.8건), 절도범죄(574.2건) 등이 많이 발생하고 있다.

또한 지난 2009년~2013년까지의 전체 범죄발생 동향은 큰 변화 없이 지능범죄가 꾸준히 증가하고 있으며, 강력범죄의 경우 다소 증가하는 추세가 확인되었다. 특히 안전도시 조성과 관련된 연구와 프로젝트 등에서 자주 사용되고 있는 5대 범죄(살인, 강도, 강간 및 강제추행, 절도, 폭력)를 중심으로 발생동향을 분석한 결과에서도 아동과 여성을 대상으로 하는 강력범죄 중 하나인 강간 및 강제추행이 매년 꾸준히 증가하는 것이 확인되고 있다.

일반적으로 5대 범죄 중에서는 폭력과 절도가 차지하는 비중이 90%이상으로 나타나고 있다. 이를 제외한 강력범죄의 경우 발생건수는 적더라도 사회적으로 미치는 파급효과가 크기 때문에 다른 범죄에 비해서 인식되는 위험성이나 범죄에 대한 불안감을 가중시키고 있다.

우리나라 5대 범죄발생 현황(단위 : 건)

구분	2009	2010	2011	2012	2013
살인	1,374	1,251	1,204	984	929
강도	6,346	4,409	3,994	2,586	1,980
강간, 강제추행	10,215	18,220	19,491	19,619	22,310
절도	256,590	269,410	281,359	290,055	288,343
폭력	315,841	292,347	311,862	311,712	294,188
합계	590,366	585,637	617,910	624,956	607,750

자료 : 사이버경찰청, 2014년 3/4분기 기준

그렇다면 우리나라에서 발생하고 있는 범죄는 어느 수준이며 그 정도는 얼마나 심각한 것일까?

범죄시계

범죄시계(crime watch)는 범죄가 유형별로 얼마나 자주 발생하는지 보여주는 것으로 범죄가 발생한 건수를 시간으로 나누어 산출할 수 있다.

2013년 국정감사 자료 '5대 범죄시계 발생 현황'에 따르면 5대 범죄는 54초마다 1건 이상 발생하며, 유형별로 살인은 9시간 20분 24초, 강도는 6시간 14분 24초, 강간 및 강제추행은 25분 12초, 절도는 1분 53초, 그리고 폭력은 1분 52초마다 1건씩 발생하는 것으로 나타났다.

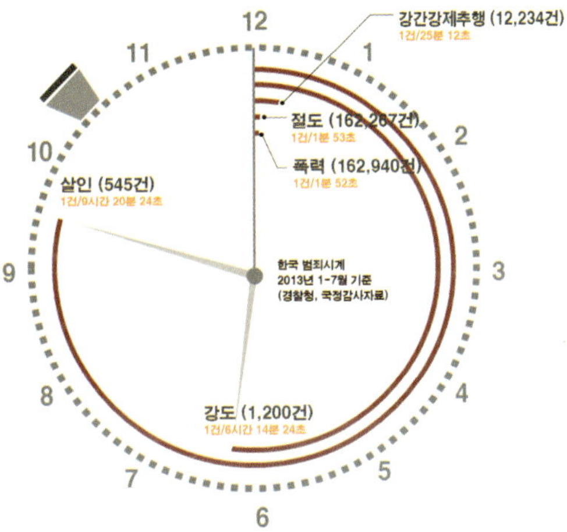

한국의 범죄시계(2013년 1~7월 기준)
자료 : 2013년 9월 9일 연합뉴스 자료 인용 재편집

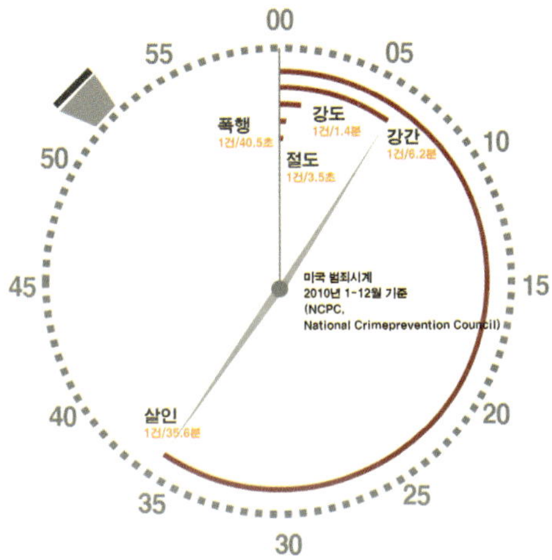

미국의 범죄시계(2010년 기준)
자료 : 2012년 8월 8일 프레시안 자료 인용 재편집

동일한 기준으로 2005년부터 2009년 6월까지 4년 6개월 간의 자료를 분석한 결과에 따르면 살인 7시간 54분, 강간 및 강제추행 1시간, 절도는 2분 31초마다 1건씩 발생한 것과 비교해본다면 범죄시계는 매년 빨라지는 것을 알 수 있다.

한편, 미국에서도 동일한 유형의 범죄시계 자료가 공개되고 있는데, NCPC National Crime Prevention Council 에서 범죄시계를 분석한 결과 우리나라보다는 범죄가 빈번하게 발생하는 것으로 나타났다.

디자인과 사회안전

앞서 살펴본 바와 같이 일상에서의 안전문제는 자연재해나 재난으로부터의 안전, 교통으로부터의 안전, 신체가 다치거나 행동이 불편해지는 생활 속의 안전, 그리고 범죄로부터의 안전 등으로 구분될 수 있다.

재해나 재난으로부터 안전한 도시를 위해서는 방재도시계획이 수립되고 있으며, 교통안전을 위해서는 보행자 위주의 교통정온화(**traffic calming**) 기법이 도시계획에 반영되고 있다. 또한 노인과 아동을 포함한 사회적 약자를 배려한 생활 속의 안전은 무장애계획(**barrier-free**)이나 유니버설 디자인(**universal design**)을 통해서 확보되고 있다.

그렇다면 범죄로부터 시민들의 생명과 재산을 보호하기 위한 노력은 무엇이 있을까? 방범용 **CCTV**나 민간경비업체의 보안시스템 설치, 경찰이나 경비원 순찰 등은 가장 보편화된 범죄예방 대책으로서 주변에서 쉽게 볼 수 있다. 과연 보안시설이나 순찰만 강화시키면 범죄는 예방되는 것일까? 과거에 비해서 **CCTV**나 민간 보안시설의 성능이 향상되었고 설치대수도 증가하고 있으며, 경비인력도 많아지고 있지만 왜 범죄는 줄어들지 않고 그로 인한 불안감은 지속되는 것일까?

기존의 범죄예방 대책만으로는 다양한 환경에서 전방위적으로 발생하는 범죄 문제에 대응하기 어려운 한계가 있음은 각종 통계나 연구 자료를 통해 쉽게 알 수 있다. 그렇다면 다른 분야의 안전대책과 같이 환경개선이나 디자인을 통해서는 범죄예방이 어려운 것인가?

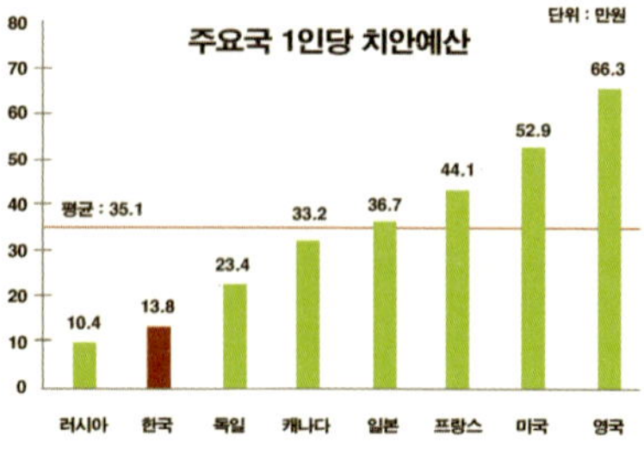

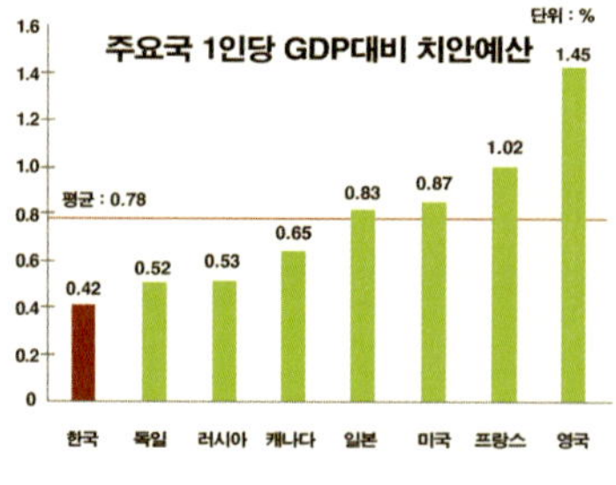

OECD 주요국과 치안계산 규모를 비교하면 상대적으로 우리나라의 국민 1인에게 또는 1인당 할애되는 치안예산이 부족한 것을 알 수 있다.

왜 디자인인가?

건축 및 도시계획 또는 디자인 관점에서 범죄 문제를 해결하고 생활환경을 안전하게 만드는 다양한 노력을 범죄예방디자인 또는 범죄예방설계(**Crime Prevention Through Environmental Design, CPTED**)라고 한다.

디자인을 통한 범죄예방이라는 것은 범죄가 사람에 의해 발생하며 범죄심리나 행위를 유발하는 환경조건이 존재한다는 사실에 근거하는 것이다.

범죄학과 함께 범죄예방설계의 근간이 되는 디자인의 특징은 창의성과 창발성(**emergence**)을 바탕으로 각종 사회문제를 해결할 수 있으며, 적용 환경과 대상에 따라 가변적이며 다양하게 응용될 수 있다는 점이다.

사회문제 해결을 위한 디자인의 중요성 또는 필요성을 인식하기 위해서는 환경행태연구(**environment-behavior study**)에 대한 이해가 선행되어야 한다. 인간의 행태(**behavior**)는 환경과 인간의 상호작용을 통해서 표출되며, 제한된(또는 특정한) 환경(또는 공간)이라면 발생 가능한 행태를 어느 정도 예측할 수 있다. 환경행태연구는 이러한 점에 착안하여 다양한 환경조건에서 나타나는 사람들의 심리상태나 행동양식을 관찰하고 특징을 분석함으로써 공간계획 및 시설디자인에 필요한 요소나 설계 대안 선택의 기준을 제공하는데, 범죄 발생이 범죄자와 피해자의 관계뿐 아니라 일정 부분 환경적 영향도 있음을 고려한다면 환경행태학의 연구결과를 디자인에 응용할 필요가 있는 것이다. 환경행태학 측면에서 디자인의 가치를 쉽게 이해할 수 있는 사례 중 하나가 디자인을 통한 넛지효과(**nudge effect**)이다.

넛지효과는 거부감 없이 부드럽고 유연하게 개입하여 사람들의 행동을 긍정적인 방향으로 유도하는 것을 의미한다.

$$B=f(P, E)$$

B : Behavior(행태), P : Person(사람), E : Environment(환경)

K. Lewin(1890~1947)의 Field Theory에서 제시된 환경행태이론의 대명제가 된 공식으로 사람의 행동과 양태는 환경과 사람의 상호관계에 의해 표출되는 것으로 환경디자인의 중요성을 내포하고 있다.

얼마 전 서울 광화문 버스정류장에서 출퇴근 시간대에 대기승객과 하차승객이 뒤섞이는 상황을 해결하기 위해 바닥에 점선을 그려 적정한 간격을 확보하게 함으로써 혼잡도를 개선한 사례는 환경디자인을 통해 인간행태를 긍정적으로 통제한 사례라 할 수 있다.

보행로에 점선을 표시하기 전 출퇴근 시간대의 승강장

보행로에 점선을 표시한 이후 공간이 확보된 승강장

광화문 사거리 정류장에 출퇴근 시간에 버스를 기다리는 승객들의 줄이 길어짐에 따라 보행로가 막히는 문제를 해결하기 위해 보행로 가운데에 점선으로 대기구역을 표시하고 관찰한 결과 점선을 사이에 두고 사람들은 무의식적으로 점선 밖에서 버스를 기다리게 되었고 일반 통행인들의 이동공간도 자연스럽게 확보되었다.

사진출처 :
라우드 프로젝트(www.loudproject.com)

2012년 10~12월 사이에 해당 구간의 교통사고는 1건에 그쳤고, 2013년에도 13건의 교통사고만 발생하였다.

이와 유사한 개념을 활용하여 교통사고 예방에 기여한 사례로 부산광역시 광안대교의 차선도색 프로젝트가 있다. 여기서는 강렬한 색상을 따라 가는 사람들의 심리를 이용해 광안대교 차선마다 굵게 붉은 선을 그은 결과 전년 대비 약 **30%**의 교통사고가 감소한 것으로 나타났다.

사진출처 : 중앙일보(2014년 10월 21일)

해운대 용호동 방면으로 나가는 부산 광안대교 곡선부 차로

범죄예방을 위해서도 이와 같은 디자인 또는 심리적 측면의 환경개선기법이 활용되고 있다. 다음의 그림은 미국의 한 마을에 위치한 주택 모습인데, 집 주인이 평소 주변 환경관리에 무관심하고 소홀한 틈을 이용해 침입범죄가 발생하였다.

환경관리가 되지 않은 주택

조경과 건물 외관이 정비된 주택

범죄가 발생한 직후 전문가의 컨설팅을 통해서 집주인은 지저분하게 자란 집주변 조경을 정리하고 건물 외관을 수리하였다.

이는 영역성 강화와 유지관리라는 범죄예방디자인 전략을 적용한 것인데, 이후로는 해당 주택은 물론 주변에서도 범죄가 발생하지 않았다. 이와 같이 디자인과 환경정비를 통해서 범죄를 비롯한 부정적인 행태(**behavior**)를 통제하고 공간을 활성화시키는 사례는 다양하게 존재하며 상황에 따라 자유롭게 응용할 수 있는 특징이 있다.

따라서 많은 범죄가 물리적 환경이나 사회 · 문화적 환경의 영향으로 발생하는 점을 이해한다면 범죄를 유발하거나 억제할 수 있는 환경과 시설물을 적절하게 디자인하는 것은 궁극적으로 범죄를 근본적으로 예방할 수 있는 대책이 될 수 있으며 다양하고 창의적인 후속 아이디어들을 유도하는 촉매재가 되는 것이다.

침입범죄가 발생한 주택 주변의 가로수를 정비하여 자연감시 기능을 강화시킨 사례

2

범죄의 원인과 특성

범죄발생 원인 이해의 중요성

범죄예방디자인의 개념과 적용원리를 이해하기 위해서는 먼저 범죄의 발생 원인과 특성, 범죄학(criminology)에 대한 이해가 선행될 필요가 있다.

어떤 환경에서 범죄가 발생하고, 어떻게 환경을 변화시키면 범죄가 예방되는 것일까? 그리고 환경만 변화시키면 범죄를 예방할 수 있는가? 건축과 도시, 환경 디자인을 전공하는 실무자들이 범죄학 전반을 이해하는 것은 한계가 있지만, 범죄예방디자인을 효율적으로 활용하기 위해서는 범죄가 발생하는 원인과 불안감이 형성되는 과정을 개략적으로나마 알아볼 필요가 있다.

흔히 우리가 범죄피해를 경험했다거나 불안감을 느낀다고 응답하는 장소를 살펴보면 몇 가지 공통점이 있는데, '사람, 시간, 환경' 이라는 3가지 틀에서 정리하면 다음과 같다.

사람과 범죄

보통 인적이 드문 곳에서 범죄가 많이 발생하고, 불안감도 증가하는 것으로 알려져 있다. 인적이 드물다는 것은 범죄자의 입장에서 자신의 범죄행위가 발각될 가능성이 낮다는 인식의 근거가 될 수 있지만, 한편으로는 범죄행위의 대상이 적을 것이라는 판단의 근거도 될 수 있다. 따라서 인적이 드문 모든 곳에서 범죄가 발생하는 것은 아니고 범죄시 발각될 위험성보다 범죄로 인해서 얻을 수 있는 가치가 높다는 범죄자의 가치판단이 있을 경우 범죄가 발생할 수 있는 것이다.

이러한 판단은 일반인들도 할 수 있기 때문에 인적이 드문 곳에서는 본인이 범죄피해 대상이 될 가능성이 있으며 도와줄 사람도 없음을 인식하고 인식적 차원의 범죄 불안감이 증가하는 것이다.

그렇다면 사람이 많아지면 범죄는 발생하지 않을까? 소매치기나 성추행과 같은 범죄는 오히려 인적이 드문 곳보다 사람이 많이 모이는 장소에서 자주 발생하는데, 범죄자는 많은 사람이 모인 장소의 익명성을 이용하여 은밀하게 범죄를 저지르는 것이 더 효과적이라는 판단을 하기 때문이다.

그럼에도 불구하고 인적이 드문 곳에서의 범죄 불안감이 더 큰 이유는 사람이 많은 곳에서 발생하는 범죄의 피해 수준보다 인적이 드문 상황에서의 피해 수준과 범죄피해 정보전달의 파급효과가 더 크기 때문이다.

결국 사람과 범죄발생의 관계를 이해하기 위해서는 범죄유형, 범죄대상, 범죄로 인한 피해 수준 및 파급 효과 등을 함께 분석할 필요가 있다.

범죄자가 범죄로 인해서 얻을 수 있는 보상(reward)과 발각의 위험성(risk) 또는 형벌의 수준 등을 비교하여 범죄행위 여부를 결정하는 것을 합리적 선택이론(rational choice theory)이라고 한다.

물론 범죄 상황에 대한 이성적 판단이 아닌 범죄자의 개인적 성향(일명 묻지마 범죄와 같은 무동기성이거나 우발적인 범죄)에 의해서도 범죄는 발생할 수 있다.

시간과 범죄

영국의 연구결과에 의하면 가로등의 조도가 5Lux 이하인 골목길에서 야간 노상범죄의 40% 정도가 발생하는 것으로 나타났다. 이와 같이 조명이 야간범죄에 미치는 영향의 중요성을 인식하고 범죄예방디자인 가이드라인에서 가로등은 전방 10m 이내의 사물을 인식할 수 있을 정도의 조도를 확보하도록 권장하고 있다.

시간적 차원에서 발생하는 범죄의 특성은 사람이나 환경적 측면과 함께 고려될 수 있다. 먼저, 시간적으로 늦은 저녁이나 심야, 새벽 시간대에 범죄가 많이 발생하는 것으로 알려져 있다.

이는 사람의 행태와도 관련 있는데, 이러한 시간대에는 외부공간에서 활동하는 사람의 수가 적고 내부공간에서는 취침 등으로 인해 범죄대응 활동이 축소되므로 범죄자 입장에서는 다른 시간대에 비해 범죄행위가 자유롭고 발각의 가능성도 적다는 판단을 할 수 있다.

또한 환경적 측면에서 야간은 어둡기 때문에 조명이 있더라도 사람이나 사물에 대한 인식과 판단이 위축되는 것도 범죄자의 상황인식에 영향을 줄 수 있다. 그렇다면 일과 시간대인 오전이나 오후에는 범죄 발생이 적은 것일까? 조명시설이 없어도 충분히 밝고 주변 확인이 가능한 시간대에도 범죄는 발생한다. 이러한 시간대의 범죄는 사람이 없거나 인적이 드문 곳에서 발생하는데, 대표적인 것이 빈집털이(또는 대물범죄)나 골목길에서의 대인범죄 등이다.

실제로 침입범죄나 어린이 등을 대상으로 한 범죄는 야간보다 주간에 발생하는 사례가 증가하고 있다. 그러나 실제 발생빈도는 많지 않고 빈집털이와 같은 침입범죄의 경우 피해액이 소규모이거나 피해자가 인식하지 못하고 지나치는 경우도 있어서 일반인에게는 주간보다 야간의 범죄에 대한 부정적인 인식이 만연해 있다.

따라서 시간과 범죄발생의 관계를 이해하기 위해서도 범죄유형 및 범죄로 인한 피해 수준 등을 함께 분석할 필요가 있다.

환경과 범죄

환경은 범죄예방디자인의 직접적인 적용 대상이 되는 것으로 사람과 시간적 차원이 종합되어 범죄를 억제하거나 유발하는 요인이 될 수 있다. 보통 낡고 지저분한 건물, 정비되지 않은 골목길, 방치된 공간이나 방범시설물(조명, **CCTV** 등)이 부족한 공간 등은 범죄에 취약한 환경으로 지적되고 있다.

이러한 환경조건에서 범죄자들은 본인들의 행위가 일반인의 주목을 덜 받을 것으로 인식하는데, 이는 환경에 대한 유지관리 상태와 연계된 책임의식과도 관계가 있다. 보통 정돈된 환경은 누군가의 책임하에 관리되고 있음을 알리는 상징이 될 수 있으며, 일탈행위와 같은 비정상적인 활동이 위축될 수 있다.

반면, 지저분하거나 노후한 환경은 관리와 책임주체가 없거나 주변에 대한 관심이 소극적이라는 단서로 작용한다. 따라서 환경범죄학(**Environmental Criminology**)이나 일상활동이론(**Routine Activity Theory**) 등에서는 환경적 요인이 범죄와 관련된 기회를 제공하는 것으로 정의하고 있는데, 범죄를 유발하는 환경조건이 구축된 상황에서 잠재적 범죄자와 피해자가 동시간대에 마주하게 될 경우 범죄가 발생한다는 것이다.

환경의 관리상태와 범죄발생의 관계를 가장 잘 보여주는 깨진 창 이론(broken window theory)을 응용하여 지하철 낙서를 지우고 준법의식을 강조함으로써 뉴욕시 범죄를 극적으로 감소시킨 사례가 있다.

1980년대 연간 60만 건 이상의 범죄가 발생했던 뉴욕시는 줄리아니 시장 부임 이후 5년간 지하철 환경정비사업을 시행한 결과 1994년 기준 강력범죄가 약 50% (지하철 강력범죄는 75%) 감소하였고, 미국에서도 가장 안전한 도시 중 하나로 선정되었다.

범죄장소의 특징과 취약환경개선의 필요성

범죄가 발생하는 장소를 분석하면 각종 시설의 노후도와 높은 건폐율, 인적이 드물고 복잡하면서도 좁은 골목길, 방치된 공공환경, 부족한 커뮤니티 공간, 부족한 방범시설 및 부적절한 위치 선정과 같은 공통적인 특징을 확인할 수 있다.

범죄에 취약한 장소의 특징

이와 같이 범죄가 반복되거나 인접해서 발생하는 지역을 핫스팟(**hot-spot**)이라고 하는데, 범죄의 핫스팟은 쉽게 변하지 않으며 꾸준히 유지되면서 범죄 유형별로 뚜렷한 패턴을 가지고 있음은 공간분석(**spatial analysis**)을 통해서 확인할 수 있다.

구속영장 집중지역

성매매 집중지역

차량절도 집중지역

강도범죄 집중지역

그림은 미국 샌프란시스코에서 발생한 범죄를 유형별로 분석한 것인데, 범죄 유형별로 핫스팟이 다른 것을 알 수 있다. 이러한 범죄의 공간적 특성을 분석하면 맞춤형 범죄예방 전략을 수립하는 데 도움이 될 수 있다.[1]

결국 범죄와 관계있는 요인은 사람, 시간, 환경적 차원에서 다양하게 존재하며, 범죄예방디자인은 다양한 차원의 영향 요인들을 적절하게 통제함으로써 범죄가 발생할 수 있는 기회를 감소시키고 일반인에게 안전하다는 인식을 확산시킬 수 있는 일련의 노력을 총칭하는 것이라 할 수 있다. 따라서 도시를 구성하는 다양한 요인을 안전하게 디자인하고 관리함으로써 범죄 및 불안감을 저감시키고, 나아가 지역 활성화 및 삶의 질 향상에도 기여하는 것이 범죄예방디자인의 궁극적인 가치가 되는 것이다.

1) http://www.fastcompany.com/1657896/san-francisco-crime-mapped-3-d

범죄예방디자인이 적용된 주차공간(영국) 및 지하철 역사(캐나다) 사례

02

범죄예방디자인이란 무엇인가?

본 장에서는 범죄예방디자인의 이론적 배경과 개념 및 적용원리에 대한 설명과 함께 범죄예방디자인 적용시 주의할 사항에 대해서 정리하였다.

1

범죄이론과 건축환경

범죄예방디자인 관련 이론

전통 범죄학에서 범죄원인을 개인의 성향과 심리, 사회 · 경제적 요인에 대한 설명으로 해석하던 시기를 거쳐 1900년대 이후로 사회구조와 관계된 범죄의 상황적 요인(**situational factor**)에 대한 중요성이 부각되면서 환경과 공간, 공동체(사회)를 종합적으로 분석하여 해결책을 제시하는 이론 개발과 관련 연구가 활성화되기 시작했다.

대표적인 것이 환경범죄학(**Environmental Criminology, Brantingham & Brantingham, 1981**)이론인데, 환경과 범죄의 관계를 규명하는 제반 이론들을 총망라한 것으로 범죄예방디자인이론, 방어공간이론, 일상활동이론, 합리적 선택이론, 상황적 범죄예방이론, 범죄패턴이론 등을 통칭하는 학문이자 이론으로 지칭되고 있으며, 현대 범죄학에서도 중요한 위치를 차지하고 있다. 이러한 이론은 범죄예방디자인의 개념과 원리를 이해하는 데 도움이 될 수 있기 때문에 관련 내용을 개략적으로나마 살펴볼 필요가 있다.

일상활동이론

일상활동이론에 근거해 범죄자, 범행대상, 범죄유발 환경은 범죄 발생의 3요소로 정의되고 있다.

그림에서 보는 바와 같이 출근 후 직장에서 업무를 보고 퇴근하여 다시 집으로 돌아오는 경로상에서 개인별 행동적 특징과 환경의 상황적 요인들이 맞물릴 때 범죄가 발생하는 것이다.

일상활동이론(**Routine Activity Theory, Cohen & Felson, 1979**)은 기존 이론들이 범죄자의 '범행동기'에 초점을 둔 것과 달리 '장소'를 중심으로 한 '기회적 요인'에 초점을 둔 것이 특징이다.

여기서는 '동기를 가지고 있는 범죄자(**motivated offender**), 적절한 범행대상(**target attractiveness**), 범죄유발 환경 및 방어기제 부재(**the absence of capable guardianship**)'의 **3**가지 조건이 개인 생활패턴과 맞물려 범죄가 발생하는 것으로 정의한다.

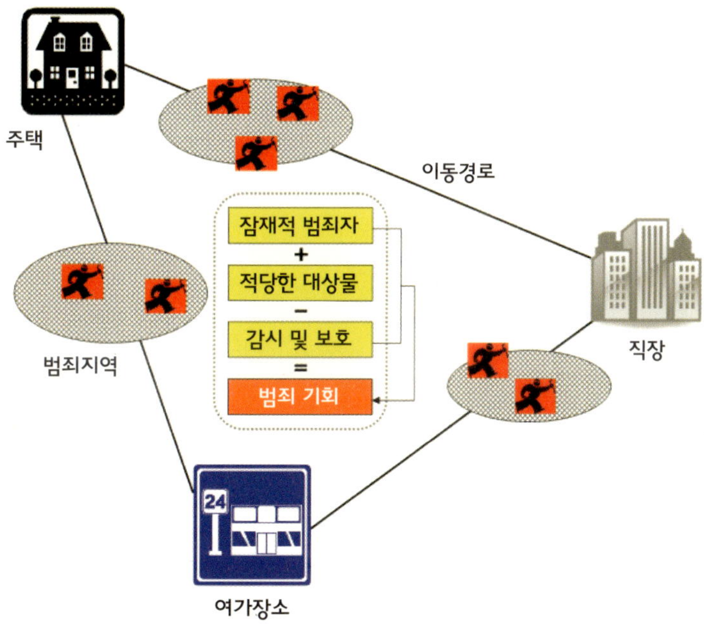

일상활동이론의 범죄발생 구조

합리적 선택이론

합리적 선택이론(**Rational Choice Theory, Cornish & Clarke, 1986**)에서는 범죄를 '범죄자의 이성적 판단에 따라 발생하는 행위'로 규정하고 있지만, 모든 범죄에 이러한 개념이 동일하게 적용되는 것은 아니며 범죄자 개인의 특성에 기인하는 판단기준(**person's template**)에 따라서 주변 상황 모두를 종합해 범죄 여부가 결정되는 것으로 알려져 있다.

범죄자의 합리적 선택은 다음과 같은 인식에 따라서 결정될 수 있다.

범죄발생 = 범죄이익 > 체포(발각) 위험성 + 형벌무게
범죄포기 = 범죄이익 < 체포(발각) 위험성 + 형벌무게

예를 들면, 어떤 강도가 대상지역에서 경찰의 순찰활동이 수시로 이루어진다는 사실을 확인했을 때 재화(財貨)획득으로 인한 이득보다 발각을 통한 범죄 실패의 위험이 높다고 판단하면 범죄를 포기할 수도 있는 것이다.

범죄패턴이론

범죄패턴이론(Crime Pattern Theory, Brantingham & Brantingham, 1993)에서는 범죄발생장소를 '적합한 범죄장소 특성에 대해 학습된 범죄자의 판단기준에 부합하는 환경적 단서를 제공하는 곳' 으로 정의하고 있는데, 지역유형, 가로 네트워크, 건물위치, 경제수준과 감시 가능성에 따른 범죄유발 및 억제 요인(이동경로에 위치한 모든 것이 동일하게 범죄대상이 되는 것이 아니라 범죄에 적합한 것으로 판단될 때 대상이 됨) 등으로 구분하여 범죄발생 패턴을 규명하고 있다.

상황적 범죄예방이론

상황적 범죄예방이론 역시 범죄라는 이벤트는 공간적 속성을 가지고 있다는 것을 전제로 하고 있으며, 환경범죄학의 중요한 영역으로 자리매김하고 있다.

상황적 범죄예방이론(Situational Crime Prevention Theory, Clarke, 1983)에 의하면 특정 범죄유형과 관련 있는 환경을 지속적으로 관리하고, 잠재적 범죄자들에게 인식적 차원의 검거 위험성 및 범행의 어려움을 증가시키거나 보상 및 범행의 명분을 감소시킴으로써 범죄를 예방할 수 있다. 여기서는 범죄행위에 요구되는 노력이나 비용 증가, 범죄행위의 위험성 증가, 범죄행위를 통한 이익 감소, 범죄행위에 대한 죄의식 또는 수치심 증가 등 4가지 기본원칙을 설정하고 16가지의 범죄기회를 감소시키는 세부 전략들을 제안하고 있다.

방어공간이론

Newman은 미국 St. Louis 주에 위치한 Pruitt-Igoe 아파트 단지에서 범죄 및 불안감 문제가 심각해지는 현상에 주목하고 공동주택단지에서 물리적 요인을 중심으로 범죄발생 원인을 규명하면서 방어공간이론을 정립하게 되었다.

방어공간이론은 주거지로 한정된 측면이 있지만 범죄예방디자인에서는 주거, 상업, 공공, 교통시설, 학교, 공원 등 적용범위가 전방위적으로 확대되었으며 이론적, 실증적 사례가 축적되면서 오늘에 이르고 있다.

방어공간이론(**Defensible Space theory, 1972, Newman**)은 범죄예방디자인이론과 함께 도시건축 분야에서 가장 많이 알려져 있다.

방어공간은 '영역성, 자연감시, 지역 이미지, 안전지역에 인접한 위치' 등을 통해서 형성되는데, 지역의 물리적 특성을 강화시키면 그 지역은 소유자가 있으며 소유자의 책임으로 관리되고 있다는 영역 의식이 확산되어 궁극적으로 범죄가 예방된다는 것이다. 그러나 방어공간이론은 물리적 요소에 한정해서 범죄와의 관계를 규명한 한계를 가지고 있어 많은 비판을 받게 되었고 이에 대한 대안으로서 범죄예방디자인이 부각되었다.

초기에는 잘 정돈되었으나 사용자 행태를 고려하지 못한 기능중심의 환경계획은 훗날 범죄로 인한 철거의 원인이 되었다.

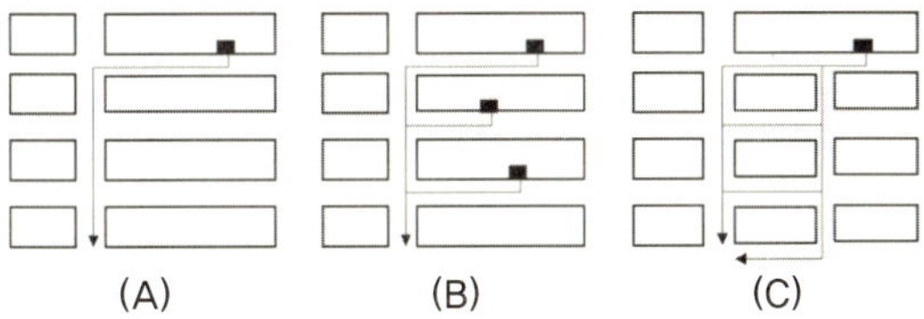

주거단지를 단위블록으로 분절시키면 보행자 이동경로가 다양해서 공간이 활성화됨에 따라 자연감시가 강화된다.

미국 공공주택 프로젝트의 일환으로 Minoru Yamasaki가 설계하여 1956년 준공된 Pruitt-Igoe 아파트 단지는 건축단계에서는 모더니즘 주거건축의 정수로서 극찬을 받았지만, 거주자 행태를 고려하지 못한 건축가의 사회적 이상이 결국은 범죄를 유발하는 요인으로 변질되어 1972년에 폭파되었다.

반면 인근에 위치한 Carr-square village는 입주자들이 거주한 이후에도 큰 문제 없이 꾸준하게 안정적으로 환경이 관리되었다.

이러한 사례는 범죄와 환경과의 관계를 극명하게 보여주는 것으로 범죄예방디자인의 중요성이 부각되는 계기가 되었다.

범죄예방디자인의 아이디어는 J. Jacobs(1961)[2]가 북미지역의 현장조사와 인터뷰를 토대로 근대도시의 전형적인 가로디자인이 일상 활동을 위축시키는 방향으로 진행됨에 따라 사회통제를 약화시키고 범죄문제를 초래할 수 있음을 지적하면서 구체화된 것으로 알려져 있다.

이러한 문제 해결을 위해 '거리의 눈(eyes on the street)' 개념이 제안되었는데, 공공공간에서는 노천카페를 활성화시키거나 보행자 안전이 확보된 보차공존(보차혼용)가로를 계획하고 다양한 용도의 배치계획을 통해 자연스러운 감시를 확산시킬 것을 주장하였다.

비판적 시각에서 J. Jacob의 주장이나 O. Newman의 방어공간 연구는 한계점도 있지만 범죄예방디자인 개념의 근간이 되었다는 측면에서 의의가 있다.

2) Jane Jacob, *The Death and Life of Great American Cities*, Random House, 1961.

2

범죄예방디자인 개념과 원리

범죄예방디자인의 정의

'Crime Prevention Through Environmental Design' 이라는 용어는 미국 **Florida State University**의 범죄학 교수인 **C. Ray Jeffery**가 **1971**년 「**Crime Prevention Through Environmental Design**」[3]이라는 저서를 출판하면서 사용되기 시작하였다.

미국의 **National Crime Prevention Institute(NCPI)**에서는 범죄예방디자인을 "건축환경의 적절한 설계(**design**)와 효과적인 사용(**use**)을 통해 범죄 불안감과 발생 범위를 줄이고 삶의 질을 증대시키는 기법" 으로 정의하였고, **Timothy D. Crowe**의 저서[4]에서 인용되면서 확산되었다.

이 시기에는 북미지역과 영국을 중심으로 환경범죄학 관련 이론들이 활성화되고 있었는데, Newman(1972) 역시 그의 저서 「Defensible Space」의 부제(副題)로서 'Crime Prevention Through Urban Design' 이라는 용어를 사용한 바 있다.

현재 건축도시 분야에서 사용되고 있는 실질적인 범죄예방디자인 개념 및 전략은 Crowe의 저서에서 시작된 것으로 볼 수 있다. 또한 범죄예방디자인의 목적은 범죄예방뿐 아니라 불안감 저감과 지역사회 공동체 활성화에도 있음을 유념해야 할 것이다.

3) C. Ray Jeffery, *Crime Prevention Through Environmental Design*, Sage Publications, 1971.
4) Timoty D. Crowe, *Crime Prevention Through Environmental Design: applications of architectural design and space management concepts*, National Crime Prevention Institute, 2000.

범죄예방디자인 개념과 적용원리

결국 CPTED란 이러한 3가지 개념을 통해 범죄의 실행을 더욱 어렵게 만들고 거주자에게는 자신이 생활하는 환경이 안전하다고 느끼게 하는 것으로, 범죄행위를 유발하는 환경(물리적, 사회 · 문화적)을 변화시켜 범죄의 기회적 요인을 제거하고 향후 유지 및 관리하는 방법까지 포함하고 있다.

범죄예방디자인의 기본개념은 '감시, 접근통제, 공동체 강화' 의 3가지 요소로 구성된다.

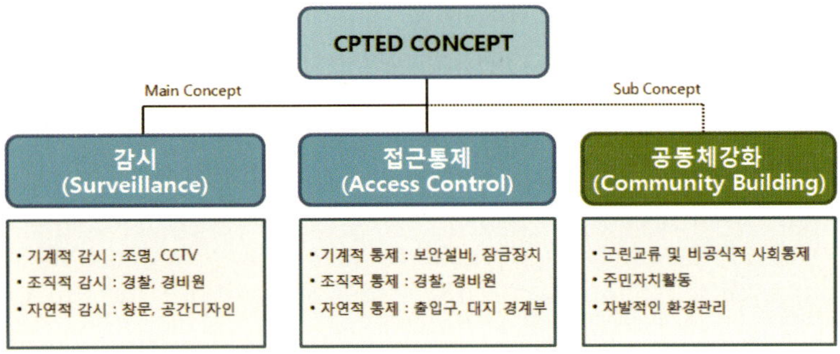

범죄예방디자인 개념과 기본원리

기본개념을 실천하기 위한 적용원리(전략)는 연구자별로 조금씩 다르게 설정되고 있지만 대체로 '감시강화, 접근통제, 영역성 강화, 활용성 증대, 명료성 강화, 유지관리' 범주에 포함되며, 이를 근거로 디자인 가이드라인이 개발되고 있다.

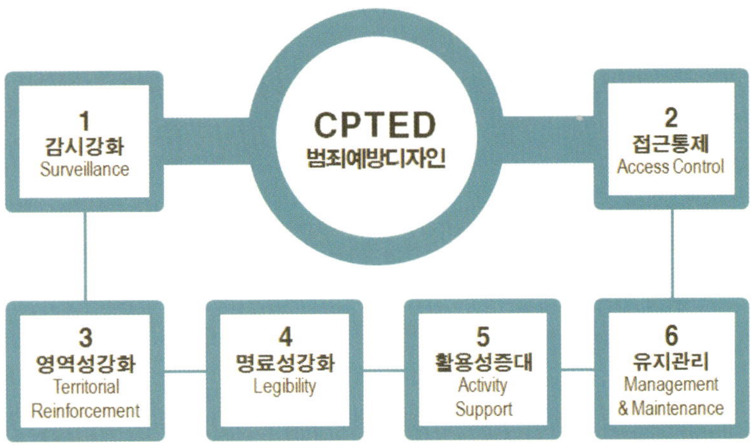

범죄예방디자인의 6가지 적용원리

감시강화

Surveillance 1

감시를 강화시키는 전략은 자연적 감시와 기계적 감시로 구분된다. 자연적 감시는 공간배치와 시설 디자인을 통해서 잠재적 범죄자와 일반인들의 행위가 시선연결(**sightline**) 범위에 놓일 수 있도록 유도하는 것이다.

디자인 관점에서는 기계나 인적 경비에 의한 감시보다 일상생활에서 자연스럽게 주변을 살피면서 외부인의 침입 여부를 관찰하고, 이웃주민과 낯선 사람들의 활동을 구분함으로써 범죄와 불안감을 저감시키는 것이 강조된다. 자연감시에서 중요한 것은 건물 주변에 형성되는 감시의 사각지대를 최소화시키고 가로공간의 전방시야를 확보하는 것이며, 특히 야간에는 적절한 조도와 간격을 유지하는 조명설치가 필수적이다.

기계적 감시는 주로 방범용 **CCTV**의 모니터링을 통해서 이루어진다. 여러 논란에도 불구하고 방범용 **CCTV**는 범죄예방이나 주민들의 안심감 확산에 일정 부분 기여하고 있는 것이 사실이지만, **CCTV**만 설치하면 모든 범죄가 예방된다고 맹신하거나 '**CCTV**설치=범죄예방디자인' 으로 오해하는 일은 없어야 한다.

자연감시 곤란

자연감시 가능

야간조명설치

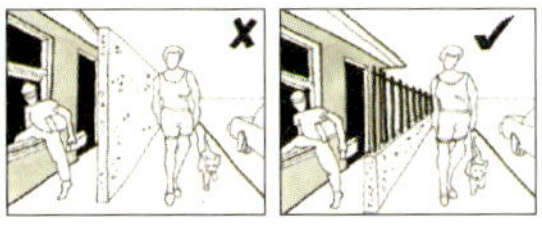

폐쇄적인 담장보다는 투시형 담장이 자연감시에 효과적이다. 다만, 담장허물기의 경우는 주민동의와 함께 주변 환경조건을 고려해 진행되어야 한다.

전방시야 확보가 어려운 골목길

담장 허물기로 시야가 확보된 골목길

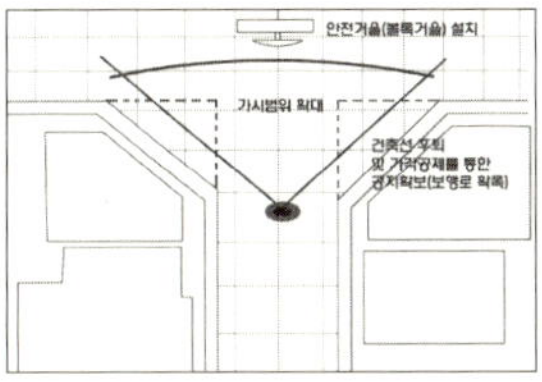

골목길 교차지점에서는 가시범위 확대를 위한 건축선 후퇴 및 가각전제와 함께 사각지대 확인을 위한 안전거울 설치가 필요하다.

벽체로 인한 폐쇄적 구조의 주차장

벽체가 개방된 구조의 주차장

일반인의 시야 확보를 고려해 교목은 지하고(수관 하부) 2m 이상을 확보하고, 범죄자의 은신 가능성을 고려해 관목은 75cm~1m 수준에서 높이가 조절되어야 자연감시에 도움이 된다.

장애물로 감시가 곤란한 경비실

3면 이상 개방되어 감시가 용이한 경비실

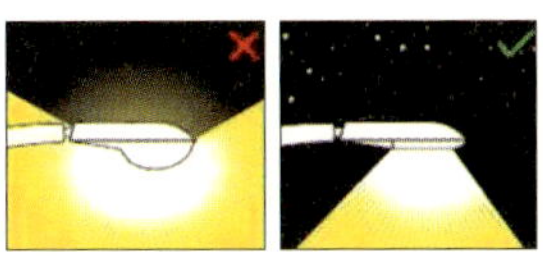

가로등은 기본적으로 빛이 지면을 직접 비출 수 있도록 하고 보행자를 중심으로 디자인되어야 한다. 또한 높은 조도의 조명을 띄엄띄엄 설치하기 보다는 낮은 조도의 조명을 촘촘히 설치하는 것이 더 효과적일 수 있다.

가로수로 기능이 상실된 조명

가로수와 적절한 간격을 확보한 조명

접근통제

Access Control **2**

접근 통제는 범죄예방을 위한 가장 직접적이면서도 효과적인 전략이다. 범죄자의 접근 통제를 위해서는 순찰인력에 의한 인적 경비와 보안설비에 의한 기계적 경비 등 시스템적인 대책과 공간계획과 시설 디자인을 통해서 자연스럽게 사람들의 행위를 통제하는 디자인 대책이 사용되고 있다.

공간 디자인을 통한 접근 통제는 사람들의 행태를 일정한 패턴으로 유도하는 환경을 조성하는 것이다. 예를 들어 범행 대상물에 대한 범죄자의 접근이 정해진 경로나 한정된 공간을 통해서만 가능하도록 환경을 설계한다면, 범죄자의 심리적 위험성을 증가시킬 수 있으며 범죄가 발생한 경우라도 도주로를 최소화 시키는 효과도 얻을 수 있다.

시설 디자인을 통한 접근 통제는 범죄자가 숨을 수 있는 공간을 제거하거나 비정상적인 방법으로 건물에 진입하는 시도를 사전에 차단(가스배관 덮개 및 방범창 설치, 침입도구가 될 수 있는 시설물 제거, 건물 사이 공간 출입문 설치 등)하는 것이다.

발코니 또는 요철공간으로 침입 가능

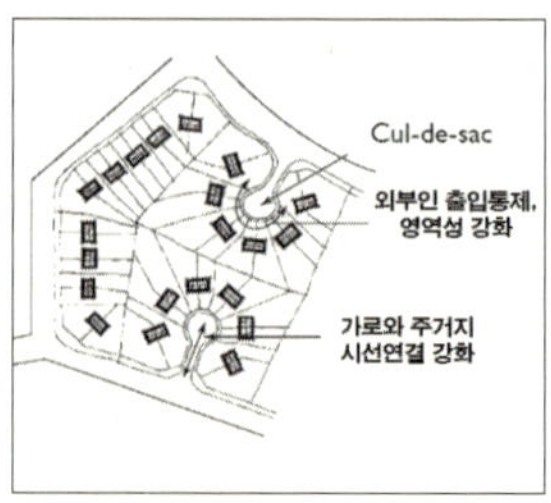

Cul-de-sac을 통한 자연스러운 접근 통제

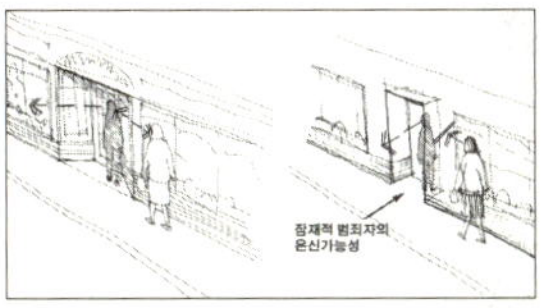

잠재적 범죄자의 은신공간을 디자인으로 최소화시키는 것도 접근 통제를 위한 좋은 전략이다.

건물 후면의 방치된 사각지대

접근 통제 시설이 설치된 사각지대

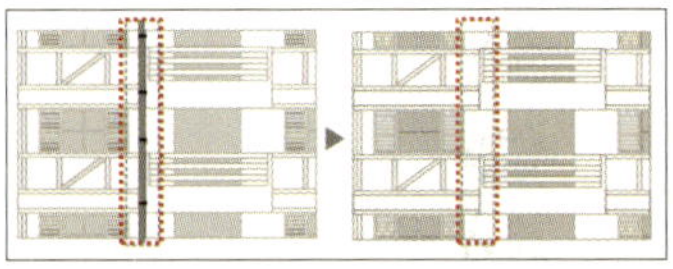

외벽에 설치될 수밖에 없는 배관의 경우 홈을 파서 매립시켜 잡을 수 없게 하거나 건물디자인을 통해서 배관이 외부에 노출되지 않도록 할 수 있다.

저층세대 주변 배관에 덮개를 설치

가시형 덮개 설치

중국의 전통주택 중 하나인 토루도 외부인 접근을 통제하기 위해 출입구를 최소화시켜 디자인되어 있다.

출입 통제를 위한 배치계획-쿨데삭

심리적 접근 통제를 위해 배치된 수공간

1인 가구가 증가함에 따라서 택배를 보관할 수 있는 공간이나 인력 부족의 문제가 중요하게 부각되고 있다. 아파트와 함께 일반주거지역에서도 무인택배시스템이 도입되면 침입범죄를 어느 정도 예방하는 데 효과가 있을 것이다.

주동 출입을 통제하기 위한 무인택배시스템

세대별 인식 보안시스템

영역성강화

Territoriality **3**

영역이란 '특정 대상에 대해 권리를 주장하거나 책임의식을 유발할 수 있는 심리적, 물리적 범위 또는 경계'를 의미하는 것으로, 사적공간(**private space**)과 반사적 또는 반공적공간(**semi-private/semi-public space**), 공적공간(**public space**)으로 구분된다.

공간배치와 시설 디자인을 통해 영역이 명확히 설정된 환경에서는 반사회적 행태(**anti-social behavior**)에 대한 직 · 간접적인 통제(**informal social control**)가 이루어짐에 따라 범죄자의 심리적 부담을 가중시키고 범죄행위가 발각될 확률도 증가될 수 있기 때문에 영역성 강화 전략은 주변 환경에 대한 관심과 준법의식을 고취시키는 사용자(주민) 참여에 기반을 둔 범죄예방 개념이라 할 수 있다.

따라서 감시와 접근 통제 개념이 잘 반영된 환경이라 하더라도 주민참여를 기반으로 하는 영역성(또는 공동체 의식)이 발현되지 못한다면 범죄예방 효과를 기대하기 어려운 한계가 있다.

영역성이 미흡한 주택

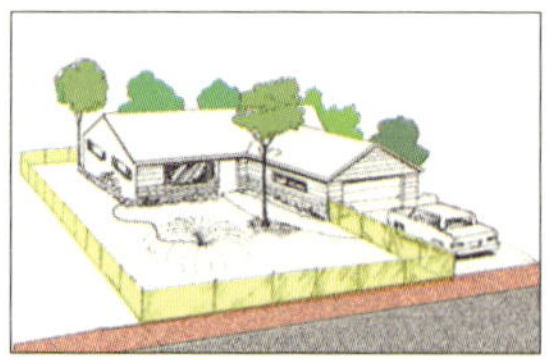
영역성이 강화된 주택

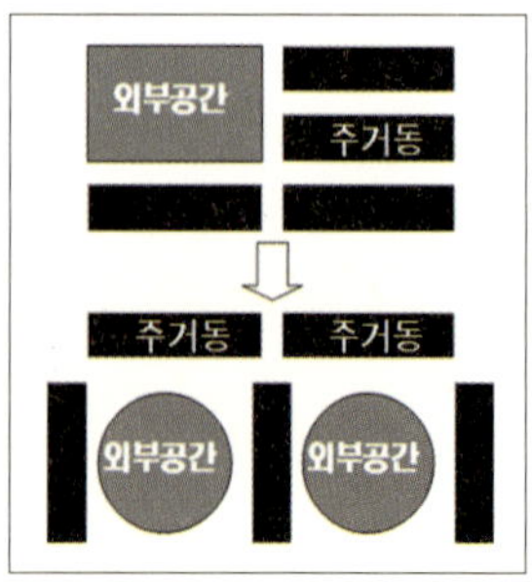

영역 강화 배치개념

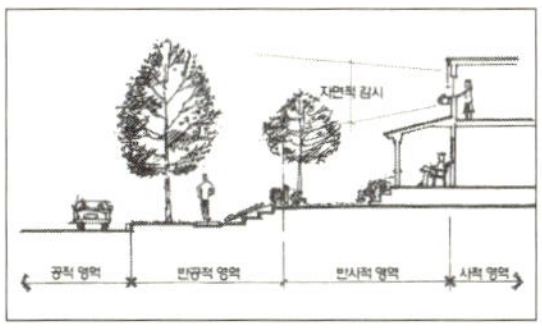

영역성은 건축계획의 중요한 요소로 인식되고 있는데, 범죄예방 관점에서 영역별 이미지 개선과 환경관리를 위한 디자인 아이디어가 필요하다.

관리영역이 불명확하고 방치된 주택 후면

세대별 관리영역을 명확히 하고 활용성을 높인 주택 후면

전통마을 진입부에서 마주하는 장승이나 솟대, 오래된 나무도 자연적인 영역적 상징물이라 할 수 있다.

정비가 미흡한 담장 주변 및 골목길 진입부

담장과 보행로 정비로 영역성을 강화시킨 골목길 진입부

공동주택에서 저층세대 전용 정원을 계획함으로써 준사적공간의 영역성을 강화시킬 수 있다.

담장과 벽면을 활용하여 주민 스스로 전시공간과 화단을 조성

담장 도색이나 벽화는 지역성을 반영하고 주민들의 참여를 유도하는 방법으로 활용되어야 한다.

노후한 이미지와 부정적인 인식을 제공하는 골목길

이미지 개선을 위해 담장 도색과 벽화 그리기가 진행된 골목길

명료성강화

Legibility **4**

명료성 강화는 공간과 시설을 쉽게 인식하고 올바르게 이용할 수 있도록 계획하는 것이다. 따라서 명료성이 강화된 지역에서는 범죄 불안감이 일정 부분 감소되며 범죄자의 행위도 위축될 가능성이 있다.

예를 들어 급격한 방향 전환이 일어나지 않도록 가로패턴(골목길 구조)을 단순화시킨다면 길찾기가 쉬울 뿐 아니라 주변의 시야 확보로 범죄 및 불안감을 저감시킬 수 있다. 또한 각종 안내시설과 방범시설을 눈에 잘 띄고 이용하기 쉽게 디자인한다면 고립되거나 위험한 환경(함정공간 등)으로 진입하는 것을 사전에 차단할 수 있으며 긴급 상황이 발생하더라도 신속하게 신고하는 등의 방어적 행동도 할 수 있다.

최근 활성화되고 있는 공공디자인 정비계획, 주요 가로등이나 **CCTV** 폴대, 비상벨 등에 차별적인 색채를 적용하는 것도 명료성을 강화시키는 전략이라고 할 수 있다.

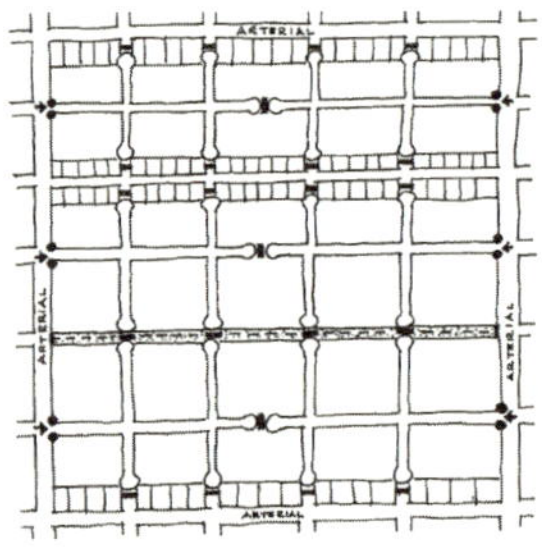

길찾기 쉬운 공간구조

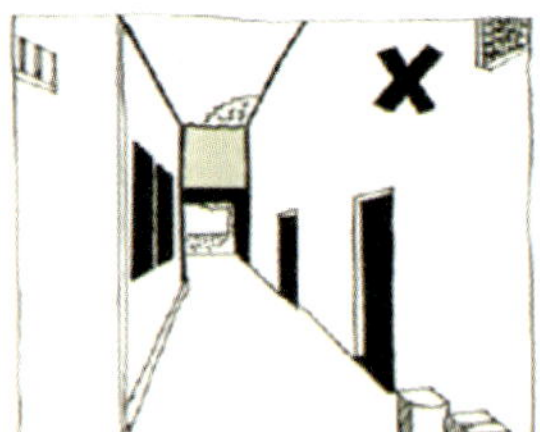

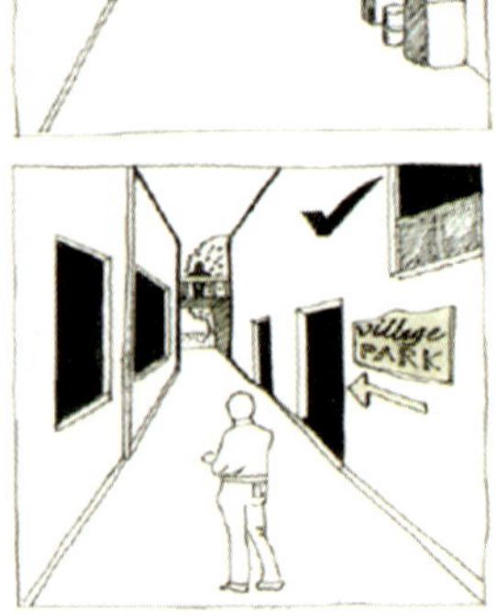

길찾기 어려운 공간을 위한 안내표지판

5) 함정공간(entrapment spot)은 한 번 진입하면 경로변경이 곤란한 공간(movement predictor) 개념을 포함하는데, 보행터널, 육교, 지하도, 사이길이 없는 골목길 등이 이에 해당한다. 이러한 공간에 진입하면 경로를 변경하거나 긴급 상황시 회피할 방법이 없기 때문에 주의가 필요하다.

지하공간의 명료성 강화를 위해 아파트 주차장에서 주동으로 연결되는 출입구의 인식성을 높이는 디자인이 필요하다.

색상이 많고 동일하게 도색되어 있어 비상벨이 인식되지 않는 주차장

기둥 색상을 단순화시키고 비상벨 위치는 다른 기둥과 차별화시킨 주차장

복잡한 골목길이 많은 부산시에서는 지역 특성을 고려하여 관할 지구대와 연계되는 범죄취약 지역 위치번호 표지판을 부착하고 있다.

일반적인 전봇대

인식이 명료하고
식별 번호가 부착된 전봇대

이용이 적은 공중전화 부스를 리모델링하여 안심구역으로 활용하거나 주거지에 위치한 24시간 편의점을 안심지킴이 집으로 지정하여 운영하는 사례도 증가하고 있다.

긴급 시 도움을 요청할 수 있는 안심주택

비상벨을 알리는 바닥사인

활용성증대

Activity Support **5**

활용성 증대(또는 활동의 활성화)는 자연적 감시와 밀접한 관계가 있는데, 거리의 눈(**eyes on the street**)에 의한 감시효과를 높이는 것으로 사람들이 공간과 시설을 활발하게 이용할 수 있도록 환경을 디자인함으로써 자연스럽게 감시 기회를 증대시켜 범죄행위를 위축시키는 것이다. 이러한 전략은 주로 공공 부문에서 적용되고 있는데, 다양한 활동을 유도하고 공간을 활성화시키는 디자인은 범죄예방과 함께 사용자의 편의 증진에도 도움이 될 수 있기 때문에 공공디자인과 연계되기도 한다.

주거지에서는 방치된 공간이나 부적절한 용도로 사용되는 공간을 주민욕구에 맞게(휴게운동시설, 여가문화시설 등) 개조시킴으로써 활용성을 높이는 전략이 주로 이용되고 있다. 특히 지역의 유휴자원을 적극 활용한다는 측면에서 도시재생의 전략으로도 사용되고 있다.

또한 주거지 이면도로나 보차혼용도로에서 보행자 안전을 확보하면서도 보행공간을 활성화시킬 수 있는 교통정온화(**traffic calming**) 기법을 적용하는 것도 활용성 증대 전략이라 할 수 있다.

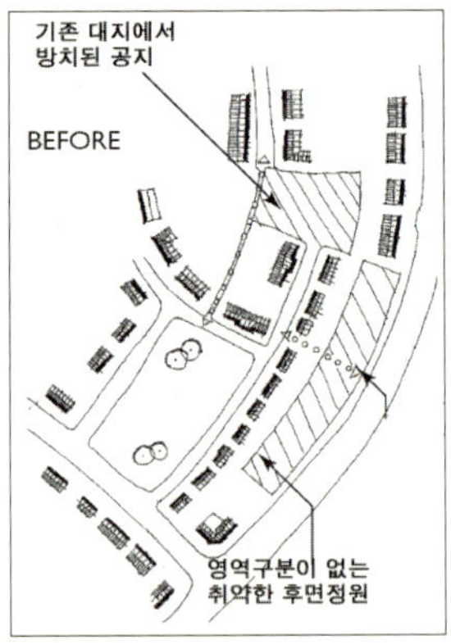

방치되어 활용성 낮은 공지

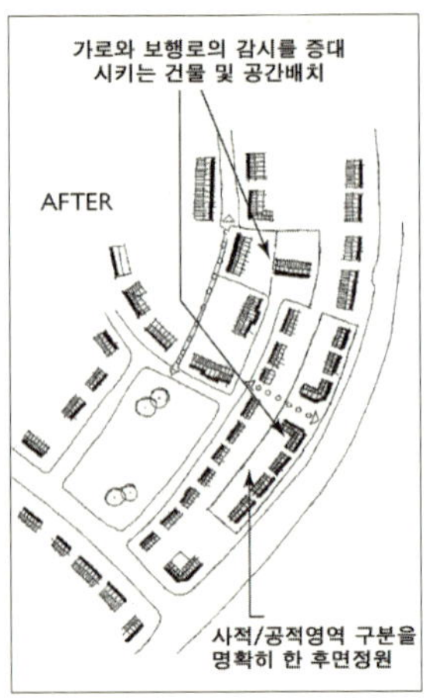

활용성을 높인 공지

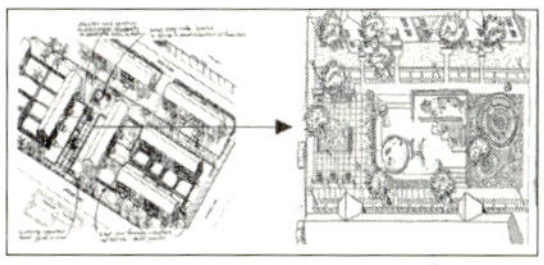

방어공간 개념이 적용된 Clason Point Gardens 프로젝트에서 유휴공간을 주민여가공간으로 개선한 결과 강력범죄는 61.5% 감소하였고, 낯선 사람에 대한 관심은 50% 이상 증가하였다.

방치된 유휴공간을 휴게편의공간으로 개선

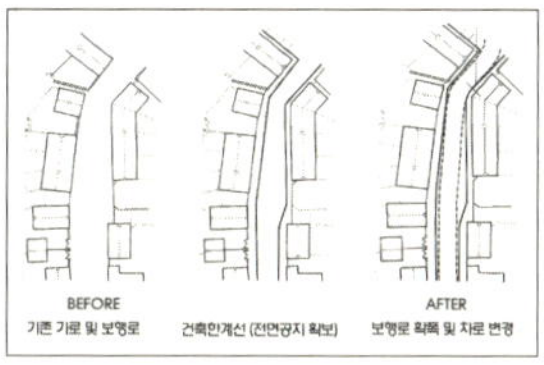

보행로 활성화는 범죄예방을 위해 가장 중요하다. 이를 고려해 범죄예방디자인 이론에서도 교통정온화 기법의 중요성이 강조되고 있다.

보행자 안전 및 보행공간 활성화를 위해 교통정온화(traffic calming) 기법 적용

노약자와 보행자 통행에 불편을 초래하지 않는 범위에서 설치된 공공시설물은 이용과 심미적 측면에서 공간 활성화에 기여한다.

일탈행위 방지를 위해 벤치 중간에 팔걸이 설치

커뮤니티 공간 활성화를 위해 볼라드 디자인 개선

부산시 문현동 폐가압장을 리모델링하여 아트센터로 개선한 사례로서, 지역의 버려진 유휴자원을 활용하면 훌륭한 문화자원이 되고 범죄예방에도 기여할 수 있다.

폐가압장을 리모델링하여 커뮤니티 공간 조성

컨테이너형 방범초소를 리모델링하여 커뮤니티 공간 조성

유지관리

Maintenance Management 6

유지관리는 접근 통제 및 영역성 강화와 밀접한 관계가 있는데, 범죄예방 기능(성능)을 꾸준히 유지할 수 있는 시설(제품)을 사용하거나 환경이 지저분해지거나 노후한 이미지(분위기)를 조성하지 않도록 지속적으로 관리하는 것을 의미한다.

깨진 창 이론(**broken window theory**)을 통해서 알 수 있듯이 쇠퇴되었거나 관리되지 않는 환경에서는 사소한 경범죄부터 심각한 강력범죄에 이르기까지 다양한 범죄행위가 발생할 수 있기 때문에 주민들의 관심과 책임의식에 근거하여 환경이 처음 설계된 대로 혹은 개선한 의도대로 지속될 수 있도록 유지관리하는 것이 중요하다.

이러한 관점에서 유지관리는 앞서 언급된 범죄예방디자인 원리와 전략들이 지속될 수 있도록 하는 기법이자 프로그램을 의미하며, 주민의 참여와 관심이 매우 중요하다.

유리관리는 나머지 5가지 원리를 뒷받침하는 것으로 가장 쉽게 적용할 수 있음

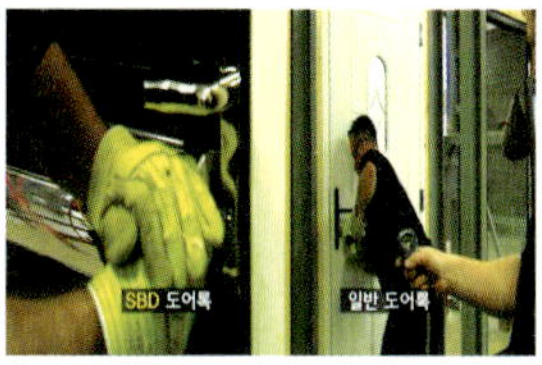

영국의 경우 SBD(Secured By Design)인증제도를 시행하고 있는데, 공인된 시험기관에서 일정한 테스트로 방범성능이 확인된 제품에 한해서 SBD인증마크를 부여하고 있으며 범죄예방에도 큰 효과를 발휘하고 있다.

범죄예방을 위해서 내구성 있고 튼튼한 제품 사용

주민이 참여하는 범죄예방디자인 방안 중 하나는 자율방범대나 정기적인 주민 모임 등을 통해서 환경을 관리하고 개선하는 것이다.

정기적으로 마을을 순찰 및 관리하고 회의를 통해 개선방안 모색

안전한 환경이 지속적으로 유지되기 위해서는 다양한 계층의 주민이 참여하는 환경개선 프로그램을 통해서 지역에 대한 애착심을 높이고 이웃관계를 강화시키는 것이 필요하다.

주민이 참여하여 마을 환경 개선

3

범죄예방디자인의 오해와 진실

범죄예방디자인의 명확한 이해

최근 들어 범죄문제의 새로운 대안으로서 범죄예방디자인의 중요성이 부각되면서 사회 전 분야에서 범죄예방디자인을 적용하려는 시도가 증가하고 있다.

정말로 범죄예방디자인은 모든 범죄에 효과가 있는 것일까? 방범용 CCTV를 많이 설치하고, 거리를 다니는 사람들이 많아지면 범죄는 줄어드는 것일까? 벽화를 그리고 푸른색 가로등을 설치하는 것은 범죄에 어떤 효과가 있는 것일까? 범죄예방디자인은 특별한 전문가 집단의 전유물일까?

이러한 내용은 실무자들에게 항상 듣는 질문이다. 이는 범죄예방디자인의 개념과 원리가 여러 경로를 통해서 소개되고 있지만 여전히 구체적으로 적용된 사례는 적고 보편화되지 않은 범죄예방디자인의 한계라고도 할 수 있다. 따라서 실무자들의 이해를 높이기 위해서는 범죄예방디자인의 허(虛)와 실(實)에 대해 명확히 알아볼 필요가 있다.

범죄예방디자인은 만병통치약?

해외에서는 범죄예방디자인을 통해 단순 폭력범죄가 감소된 사례도 보고된 바 있다. 따라서 범죄예방디자인이 폭력범죄에 전혀 효과가 없는 것은 아니며 지역의 특성(환경적, 사회적), 그리고 적용된 기법에 따라서 범죄예방 효과가 나타날 가능성도 있다.

범죄불안감이 범죄를 유발하는지, 아니면 범죄의 심각성이 범죄불안감을 가중시키는지의 인과관계는 명확하게 규명되지 않고 있다. 그러나 분명한 사실은 범죄불안감이 감소되면 그만큼 지역 주민들의 외부활동이나 이웃간 교류가 활성화됨에 따라 공식적 또는 비공식적 사회통제 기작이 발현되어 범죄피해를 감소시키는 데 기여할 수 있다는 점이다.

범죄예방디자인은 범죄자에게는 범죄의 실행을 어렵게 만들고 주민에게는 거주환경이 안전하다고 느끼게 하는 것으로, 범죄행위를 유발하는 물리적, 사회적 환경을 변화(또는 개선)시켜 범죄를 유발하는 기회적 요인(**opportunity factor**)을 제거하는 것을 의미한다. 따라서 범죄예방디자인을 통해 예방할 수 있는 범죄는 제한적일 수밖에 없다.

예를 들어 우발적이거나 감정적 요인에 의해서 발생하는 폭력과 같은 범죄나 비이성적 판단에 의해서 발생하는 범죄(비동기성 범죄, 묻지마 범죄 등), 주택 내부에서 발생하는 성범죄 등에 대해서는 범죄예방 효과를 크게 기대하기 어려운 한계가 있다. 이러한 범죄는 상황적 요인에 대한 범죄자의 판단보다는 개인적 성향에 따라 발생할 가능성이 높기 때문이다.

따라서 범죄예방디자인은 환경이 제공하는 기회적 요인과 밀접한 관련이 있는 대인범죄(강도, 소매치기, 성추행, 유괴 및 납치 등)나 대물범죄(노상절도, 침입절도 등)에 대해서 상대적으로 범죄예방 효과가 높고, 나아가 대상 환경의 범죄불안감을 전반적으로 저감시키는 데 크게 도움되는 것으로 이해할 필요가 있다.

범죄예방디자인이 발달한 미국과 영국을 중심으로 범죄예방 효과에 대한 자료를 확인할 수 있는데, 미국의 경우 다음과 같은 범죄예방디자인의 기본 원리에 입각한 다양한 실험을 통해서 범죄율이 감소된 바 있다.

Hartford Project

1970년대 초반 Connecticut 주 Hartford 시에 위치한 Asylum Hill에서 범죄가 원인이 되어 도시쇠퇴의 징후가 나타나자 물리적 환경개선과 공동체 활성화 프로그램이 종합된 범죄예방디자인이 적용되었다.

Asylum Hill에서는 범죄에 취약한 것으로 평가된 주거지역에서 외부인 출입을 통제하기 위해 쿨데삭(cul-de-sac) 구조로 도로를 개선하고 일방통행을 유도하며, 보행자 안전 확보를 위해 가로환경을 개선한 결과 전년 대비 강도범죄가 183건에서 120건으로 약 30% 감소하였다.

Clason Point Garden Project

방어공간(defensible space)이론을 개발한 O. Newman에 의해 진행된 New York 주 Clason Point Garden 프로젝트에서는 소규모의 연립주택단지에서 범죄가 증가하고 이로 인한 주민 불안감이 높아짐에 따라 주택단지 주변의 환경개선 작업을 진행하였다.

여기서 적용된 대표적인 범죄예방디자인 기법은 방치된 정원과 공용공간에 대한 영역성 강화와 활용성 증대(사회계층과 연령대를 고려한 커뮤니티 공간 조성), 건물외벽 개선 등이다. 이를 통해 전년 대비 전체 범죄는 매달 평균 1,000명당 6.91건에서 3.16건으로 감소했고, 강력범죄는 약 61.5%가 감소했으며, 낯선이에 대한 관심은 27%에서 50% 이상으로 증가된 것으로 나타났다.

Castle Square Project

1980년대 Boston 주 Castle Square 프로젝트에서는 노후주택의 자연감시 및 영역성 강화를 위한 환경정비와 건축선 정비와 교통정온화 기법 등을 적용한 결과 주변 지역의 범죄는 1% 증가했지만, 해당 지역은 26~50% 정도 범죄가 감소했으며 특히 주거절도와 강도, 차량절도 등은 5년간 최저치를 기록하였다.

한국의 경우 염리동 소금길 프로젝트를 통해서 범죄불안감은 9.1% 감소하고, 범죄로부터의 안심감은 56.5%가 증가했으며, 마을에 대한 애착심과 이웃관계는 각각 13.8%와 42.3% 향상된 것으로 나타났다(3장. 범죄예방디자인 적용 현황 참조).

CCTV만 설치하면 끝?

국내에서 범죄예방디자인 연구가 활발해지기 시작한 2000년대 초반 일부 지자체에서 방범용 CCTV 설치와 통합관제센터 운영을 해당 지역 범죄예방디자인 사례로 홍보한 바 있다. 과연 CCTV만 설치하면 범죄는 예방되고 범죄예방디자인이 적용된 것으로 볼 수 있을까? 각종 연구를 종합하면 방범용 CCTV의 범죄예방 효과성에 대해서는 찬성과 반대의견이 갈리고 있는데, 긍정적인 측면에서는 범죄자가 CCTV 위치를 인식하고 범죄행위가 위축됨에 따라 범죄가 감소하며 범죄자 검거에도 큰 도움이 되는 것으로 주장하고 있다.

한편, 부정적인 측면에서는 CCTV로 인한 사생활 침해와 함께 CCTV 기능(가시범위, 해상도 등)의 한계로 인해 촘촘하게 설치되지 못한 지역에서는 범죄예방 효과를 기대하기 어렵고 해당 지역에서 발생할 범죄가 인접한 다른 지역에서 발생하여 결국 범죄의 총량은 변하지 않는다는 이른바 '풍선효과'의 문제점을 지적하기도 한다.

이러한 CCTV에 대한 논란을 불식시키고 범죄예방 효과를 극대화시키기 위해서는 비용 대비 효과성을 높일 수 있는 효율적인 위치와 대수산정, 주야간 감시를 위한 적절한 기종 선택(최소 100만화소 이상 및 적외선 기능, 보조 조명 추가 등), 그리고 24시간 모니터링과 범죄 상황에 신속하게 대응할 수 있는 시스템 구축이 중요하다. 또한 CCTV로 주변이 감시되고 있음을 범죄자와 지역 주민 모두가 인식할 수 있는 디자인 적용도 필요하다. 이러한 조건이 갖추어진다면 범죄예방디자인의 감시와 접근통제 원리로 작용하여 범죄예방 효과를 높이는 데 기여할 수 있을 것이다.

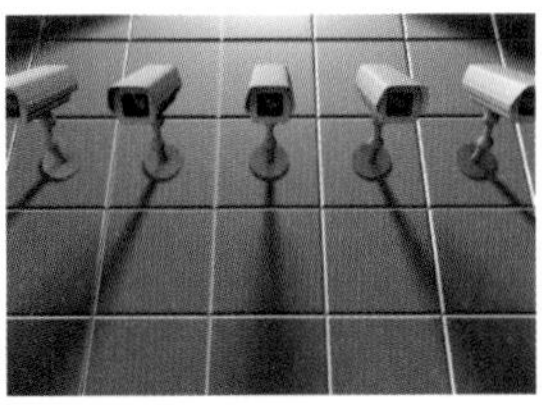

방범용 CCTV의 부정적 의견도 근거가 있으므로 범죄예방 효과에 대한 맹신은 주의해야 한다. CCTV는 비용이 많이 드는 고가의 장비이며 임의로 설치하기 어려운 법적인 조건이 있기 때문에 범죄취약환경에 설치할 경우 각별한 주의가 요구된다. CCTV 설치시 가장 중요한 것은 대상 환경에 대한 정확한 범죄문제 진단(범죄위험도 평가)을 통한 최적 위치 선정과 대수산정임을 명심해야 한다.

사람이 많아지면 안전해질까?

일반적으로 사람들이 많은 환경에서는 범죄자의 행위가 위축될 것이라는 생각으로 불안감은 감소하고 안심하는 경향이 높아지게 된다. 실제로 범죄예방디자인 이론의 단초가 된 **J. Jacob**의 거리의 눈(**eyes on the street**) 개념도 사람들이 공공가로에 많이 모이고 다닐 수 있도록 가로환경을 조성하는 것에서 시작되었다. 그렇다면 사람이 많아지면 범죄로부터 안전해지는 것일까? 이 부분은 유형별 범죄 발생의 특성과 연계시켜 생각해볼 필요가 있다. 앞서 범죄의 원인과 특성에서 살펴본 바와 같이 인적이 드문 곳에서 범죄가 많이 발생하고 불안감도 증가하는 것이 사실이지만, 사람이 많은 곳에서 범죄가 발생하지 않는 것은 아니다. 오히려 사람이 모이는 곳을 중심으로 발생하는 특정한 범죄유형이 있으며, 심각한 범죄로 전이될 가능성도 있다.

익명성을 틈타서 발생하는 소매치기나 상품절도, 성추행 범죄는 짧은 시간 동안 사람이 많이 밀집하는 대로변이나 광장, 다중이용시설, 지하철 역사를 중심으로 빈번하게 발생하고 있다. 범죄자 입장에서는 사람이 많이 모이는 환경이 다양한 범죄대상을 물색하기 쉽고 자신의 행위도 발각되기 어렵다고 판단하기 때문이다.

또한 많은 사람을 대상으로 한 테러범죄(또는 비정상적인 대인 범죄 등)도 이러한 환경조건에서 발생할 가능성이 매우 높다.

범죄의 경중을 가늠하는 것은 적절하지 않지만 기본적으로 사람이 많은 환경이라도 범죄는 발생할 수 있기 때문에 이러한 환경에서 발생하는 범죄특성을 고려한 범죄예방디자인의 개발과 적용도 중요함을 인식해야 한다.

사람이 붐비는 상업가로 및 출퇴근 시간대의 지하철 역사는 소매치기, 성추행(또는 몰래카메라)범죄의 발생 가능성이 높음

범죄예방디자인의 활용성 증대 전략의 일환으로서 유휴부지를 휴게 및 운동시설로 개조하는 사례는 사람이 많이 모임으로써 자연스러운 감시기능을 강화시켜 범죄를 예방하고자 하는 것이다. 그러나 지역의 특성(입지조건, 사용자 계층)을 고려하지 않고 해당 시설을 설치할 경우 인접 지역 주민에 의한 민원발생의 문제나 외진 곳에 위치한 유휴부지를 무리하게 개발할 경우 청소년들의 일탈행위 장소로 변질될 문제도 있음을 유념해야 한다.

벽화나 담장 도색은 효과가 있을까?

환경개선을 위해 좁은 골목길에 적용된 벽화

노후지역을 중심으로 벽화나 담장 도색작업을 통해 범죄취약 환경을 개선하는 시도가 증가하고 있다. 전국에 벽화 열풍이 불고 있다고 해도 과언은 아닐 것이다. 이러한 현상은 염리동 소금길 프로젝트가 성공적인 평가를 받으면서 전국의 지방자치단체와 행정기관에서 해당 지역을 답사하기 시작하면서 확산되고 있다.

빈 곳만 있으면 벽화를 그리고, 훼손된 담장을 도색하면 범죄는 예방되는 것일까? 벽화나 도색은 기본적으로 해당 지역의 이미지를 밝게 만들고 주민들에 의해서 관리되고 있음을 인식시키는 영역적 장치가 되어 범죄 불안감은 저감시키고 범죄자의 심리를 조금이나마 위축시키고자 하는 디자인 전략으로 이해될 수 있다. 소금길 프로젝트에서도 범죄예방디자인 전문가의 자문과 지역 주민들의 의견을 수렴하여 노후환경 개선의 일환으로 벽화와 담장 도색이 이루어진 것이며, 프로젝트가 종료된 이후에 벗겨지거나 색이 바랜 벽화와 도색된 담장은 정기적으로 보수하고 있다.

적용할 그림이나 색상은 지역특성 및 정서가 반영되어야 하고 나아가 주민들의 참여로 작업이 진행되어야 한다. 주변과 어울리지 않는 이미지와 절제되지 않은 색상은 오히려 지역 정체성에 대한 혼란을 가중시키며, 사후관리가 되지 않을 경우 또 다른 흉물로서 지역의 쇠퇴징후를 알리는 단초가 될 수도 있다.

환경미화로서 벽화나 담장도색이 나쁜 것은 아니다. 다만, 범죄예방을 위한 목적이라면 신중을 기해야 하고 지역주민들의 참여와 관심을 유도하기 위한 도구로서 활용되는 것이 바람직할 것이다.

푸른색 가로등은 효과가 있을까?

조명은 야간의 범죄예방과 불안감 저감을 위해 필수적인 요소이다. 보통 어둡거나 조명이 없는 곳에서 사람들은 불안감을 느끼며 범죄자에게는 은신해서 범죄대상을 탐색할 수 있는 환경조건이 형성되기 때문에 조명은 범죄예방 대책의 우선순위로 거론되기도 한다.

골목길이나 이면도로에 설치되는 보안등이 범죄예방에 효과를 발휘하기 위해서는 조명기구의 균제도(일정한 조도)와 연색성(물체의 색이나 형상이 명확하게 보이는 정도)이 좋아야 하며, 일정한 간격으로 설치되어야 한다. 이러한 이유로 밝은 조명을 띄엄띄엄 설치하는 것보다는 약간 어두운 조명을 촘촘하게 설치하는 것이 범죄예방에 더 효과적일 수 있다.

또한 이전에는 붉은색(또는 주황색) 계열의 가로등이 주로 설치되었지만, 최근에는 범죄예방을 위해 백색 계열의 고효율 LED 가로등이 설치되고 있다.

일각에서는 푸른색 가로등의 범죄예방 효과성을 제기하고 있다. 일본 나라현에서 붉은색 계열의 가로등을 푸른색 계열로 교체한 뒤 2002년부터 5년간 범죄율이 40% 이상 줄었으며, 영국 스코틀랜드 글래스고 시에서도 이와 유사한 연구결과가 보고된 바 있다. 그러나 일부 연구결과를 토대로 푸른색 계열 가로등의 범죄예방 효과를 단정짓는 것은 주의할 필요가 있다. 실제로 2008년 강남구 일부 아파트단지의 가로등을 푸른색 계열로 교체하였는데, 얼마 지나지 않아 주민들의 민원 제기 등의 문제가 나타나기도 하였다. 평소 익숙하지 않은 색상의 불빛이 사물 인식성(연색성)을 떨어뜨리고 불안감을 가중시켰기 때문이다. 따라서 범죄예방을 위한 조명은 기본적인 원칙에 입각하여 설치하는 것이 바람직하다.

골목길에 설치된 푸른색 가로등

이면가로 또는 좁은 골목길에서 야간의 안전을 위해 다수의 조명시설을 설치하고 조도를 높일 경우 자칫 빛공해 등의 문제를 야기할 수 있기 때문에 범죄예방을 위한 조명시설은 설치 위치 및 기능을 고려해서 계획해야 한다.

행정주도의 범죄예방디자인?

1990년대 후반부터 관련 연구가 증가하였지만 제도적으로 뒷받침할 수 있는 근거가 없어 실무자들의 관심밖에 머물러 있던 범죄예방디자인이 2010년을 전후로 제도화되기 시작하고 아파트를 중심으로 적용이 확산되고 있으며, 범죄문제가 심각한 일반주거지역에서는 시범사업이 추진되기 시작하였다.

부천시는 2006년 국내 최초의 범죄예방디자인 시범사업 대상지역으로 선정되었지만, 실질적인 대책들이 적용되지 못한 한계가 있어 시범사업으로서 평가받기 어려운 한계가 있다.

1세대 범죄예방디자인이 물리적 환경개선에 초점을 두었다면, 2세대 범죄예방디자인에서는 물리적 환경개선과 함께 주민들이 참여하는 사회문화적 환경개선도 강조되고 있다.

외국과 다른 우리나라만의 범죄예방디자인 특징 중 하나는 시범사업이 많다는 점이다. 2012년부터 서울시에서 추진하고 있는 범죄예방디자인 프로젝트를 기점으로 지방자치단체와 주요 중앙행정부처에서도 유사한 성격의 시범사업을 진행하고 있어 전국 단위의 사업이 되고 있는 것이 현실이다.

그렇다면 시범사업의 현실은 어떨까? 여전히 국내에는 범죄예방디자인 전문가와 적용 사례가 부족한 한계로 인해서 대상 지역의 범죄특성이나 주민들의 사회인구학적 특성이 고려되지 않은 유사한 범죄예방디자인 전략이 적용되는 등의 문제가 나타나고 있다. 이러한 문제는 다음의 몇 가지 측면에서 원인을 찾을 수 있다.

먼저, 사업면적에 비해 책정된 비용이 적고 사업기간이 짧아 다양한 대책을 적용하는 데 한계가 있다. 또한 지역에 따라서는 개인 사유지를 개선해야 범죄예방 효과를 기대할 수 있지만, 현실적으로 불가능한 경우가 많기 때문에 공공영역(주로 가로시설, 유휴부지 등)에서 제한적인 대책이 적용되는 한계도 있다.

무엇보다 중요한 것은 주민들이 참여하는 시범사업이 되어야 하지만, 범죄에 취약한 지역에서는 이러한 사업에 주민들의 참여가 어려운 현실적인 문제가 있다. 지역현황을 가장 잘 알고 있기 때문에 범죄위험도 분석과 함께 범죄예방디자인이 적용될 경우 이를 유지관리하는 주체가 되어야 하는 주민들의 참여가 배제되는 상황에서는 범죄예방 효과를 기대하기 어려운 것이다. 따라서 제한적으로나마 주민들이 참여할 수 있는 다양한 프로그램을 개발하여 범죄취약환경 개선에 전문가와 행정기관이 함께 할 수 있는 방안 마련이 필요하다.

기타 실무자들의 주의사항

디자인 결정의 순기능과 역기능 고려

실무자들은 디자인을 적용함으로써 사용자의 안전과 주변 환경에 미치는 순기능과 역기능을 반드시 고려해야만 한다. 즉 채택된 하나의 범죄예방 해결책(디자인)이 또 다른 문제를 불러일으키지 않는지에 유의해야 하는 것이다.

예를 들면 영역의 경계를 명확히 하기 위해 설치한 담장이 범죄자에게는 은폐할 수 있는 공간을 제공하는 것은 아닌지? 또는 자연감시를 위해 투시형으로 설치한 담장이나 식재된 조경이 지역주민의 프라이버시를 침해하는 것은 아닌지? 지나치게 많은 보안설비를 설치함으로써 폐쇄적 공동체를 유발하는 것은 아닌지? 등을 신중히 고려해야 하는 것이다.

기타 실무자들의 주의사항은 '공동주택 범죄예방설계의 이론과 적용, 이경훈, 강석진(2011)'의 내용을 재인용한 것임

디자인의 장기적, 단기적 결과에 대한 고려

실무자들은 그들이 내린 디자인 결정이 가져올 수 있는 장기적, 단기적 결과를 모두 고려해야만 한다.

단기적으로는 방범 디자인 대책이 최대한 쉽고 적은 비용으로 실현될 수 있어야 하지만, 장기적으로는 유지관리가 용이해야 할 것이다.

디자인 솔루션(**design solution**)이란 지속적인 프로세스이기 때문에 채택된 모든 솔루션은 유지관리가 용이하도록 디자인되어야 한다.

예를 들어 조명디자인의 경우 초기 비용이 다소 많이 든다 하더라도 반달리즘(**vandalism**)에 의해 파손되지 않고 전구 등을 쉽게 교체할 수 있도록 디자인되어야 하는 것이다.

종합적인 방범 디자인 적용

디자인을 통한 방범대책은 부분적보다는 종합적으로 고려되어야 한다. 아파트 단지의 경우 단지경계, 단지내 외부공간, 주동주변, 단위세대 등 모든 레벨에서 범죄예방디자인이 종합적으로 고려되고 적용되어야 하며, 디자인과 함께 유지관리 방안도 종합으로 반영되어야 원하는 범죄예방 효과를 거둘 수 있다.

예를 들어 아파트 단지 내에 CCTV를 설치한다 하더라도 그것이 경비원에 의해 24시간 감시되지 않는다면 범죄예방 효과는 기대할 수 없으며, 단위세대의 보안이 아무리 잘되어 있다 하더라도 주동출입이 적절하게 통제되지 않는다면 그 효과는 반감될 수 있다.

범죄예방디자인이 적용된 소금길(위, 서울시)과 안심길(아래, 부산시) 사례

03 범죄예방디자인의 적용

본 장에서는 실무에서 필요한 범죄예방디자인 적용방법과 국내에 적용된 유형별 주요 사례에 대해서 정리하였다.

범죄예방디자인 적용방법
범죄예방디자인 적용현황

1

범죄예방디자인 적용방법

범죄예방디자인 적용 개요

범죄예방디자인의 적용범위는 단순히 물리적 환경개선에만 국한되는 것이 아니라 사회문화적 환경개선도 함께 포괄하는 개념으로 접근할 필요가 있다. 이는 범죄문제가 복잡한 사회현상의 하나로서 이해되기 때문이다.

범죄예방디자인 적용은 기본적으로 "현황파악-계획수립-전략실행-운영관리"의 과정으로 진행되는데, 개요를 요약하면 다음과 같다.

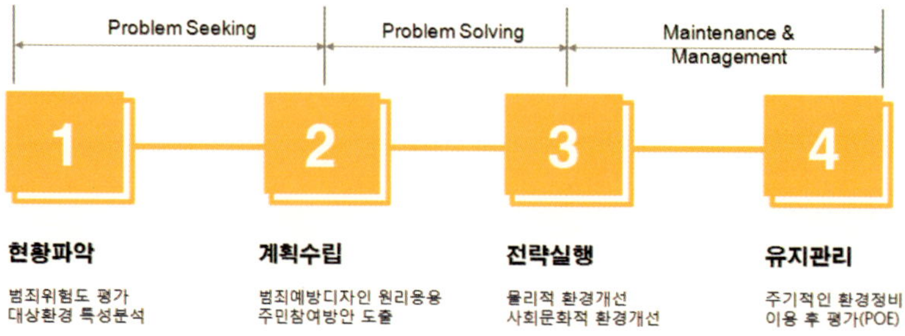

Summary

현황파악과 계획수립 단계에서는 프로그래밍(programming)을 통해 대상환경의 문제점을 규명(problem seeking)하고 이용 가능한 지역자원을 확인하는 작업들이 진행되며, 계획수립과 전략실행의 단계에서는 디자인과 시공을 통해 앞서 규명된 문제를 해결(problem solving)하게 된다.

범죄예방디자인 시범사업의 경우 환경이 개선된 이후에도 현재의 주민들이 계속 거주하기 때문에 주민조사가 필수적이지만, 새롭게 조성되는 지역지구 개발이나 공동주택단지, 신축 건축물의 경우는 사용자가 정해지지 않았기 때문에 대체 개념으로서 유사한 환경에 거주하는 사람들을 대상으로 한 조사를 수행할 수 있다.

현황파악 단계에서 가장 중요한 범죄의 원인 규명은 대상환경의 사용자가(주로 주민) 가장 잘 알기 때문에 범죄자료 분석과 함께 지역주민 조사(설문 및 인터뷰), 주민과 함께 하는 현장조사와 같은 활동이 진행된다.

계획수립 단계에서는 범죄예방디자인의 6가지 적용원리가 반영된 디자인 대안들이 도출된다. 디자인 대안제시와 현장시공 등 문제해결 과정이 종료된 후에는 주민활동이 전제가 되는 안전한 환경의 지속적인 유지관리가 매우 중요하다. 여기서 주의할 사항은 주민들도 범죄예방디자인의 개념과 원리를 이해해야 한다는 점이다.

단순히 전문가들의 아이디어로만 제안된 디자인은 실제로 사용되지 않거나 사용자의 무관심 속에 방치된 환경으로 변질될 우려가 있기 때문에 계획수립 단계에서 주민이 함께 참여하는 프로그램(디자인 워크숍 등)을 적극 활용할 필요가 있다.

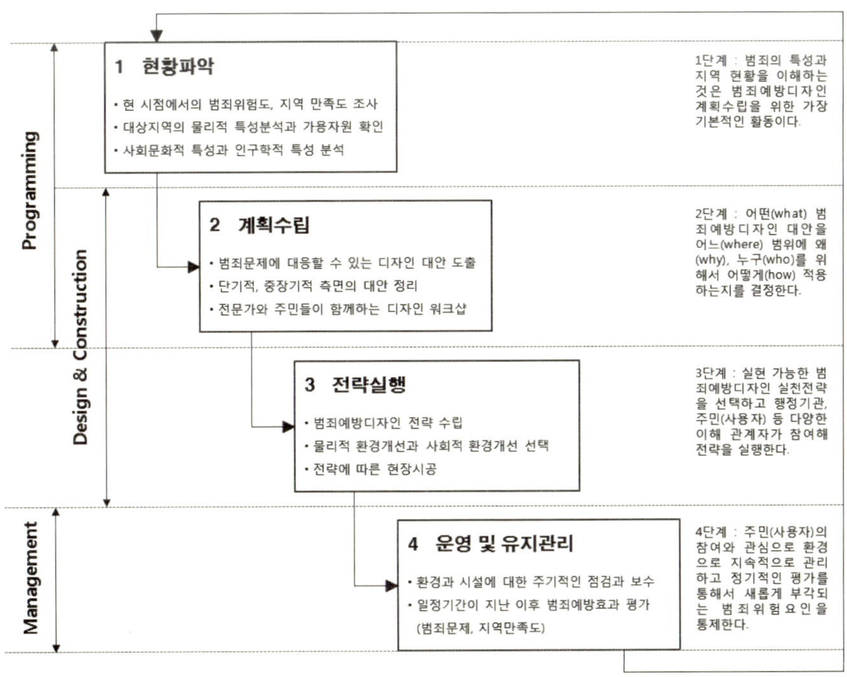

범죄예방디자인 적용 방법

Process

1단계 현황파악

가장 먼저 진행되는 현황파악에는 범죄현황, 물리적 현황, 사회문화적 현황 등 전반적인 내용이 모두 포함된다.

범죄현황의 경우 공식적인 경찰 통계자료를 활용하는 것이 객관적이지만 일반인이 범죄 자료를 활용하는 것은 어렵기 때문에 대상지역에 거주하는 주민이나 공간 사용자들을 대상으로 한 범죄피해 및 불안감 조사를 수행하는 것이 효율적이다.

다만, 단순하게 설문지를 배포하여 취합한 자료를 중심으로 범죄현황을 파악할 경우 통계적 오류가 발생할 수 있기 때문에 1 대 1 면접조사나 대표성을 갖는 주민을 대상으로 한 집단조사 등의 방법을 사용하면 분석자료의 신뢰도를 높이는 데 도움이 될 수 있다.

물리적 현황분석에는 일반적인 설계과정에서 적용되는 대지분석(Site analysis)을 기본으로 범죄에 취약한 요소와 향후 개발될 경우 활성화될 가능성(잠재적 가치)이 있는 요소 파악이 포함된다.

이러한 현황분석을 위해서는 범죄 발생과 관계 있는 체크리스트를 사용할 수 있으며, 대상지에 대한 이해도가 높은 지역 주민이나 공간 사용자와 함께 현장조사를 하는 것이 중요하다.

체크리스트는 기존에 보급되어 있는 범죄예방디자인 가이드라인을 참고해서 만들 수 있으며, 대상지역이나 건물에 대한 현황도(지도)를 만들어 주요 특성이나 참고사항들을 표기한다면 필요한 디자인 아이디어를 도출하는 데 도움이 된다.

범죄예방디자인과 일반적인 디자인의 프로세스에서 가장 큰 차이점 중 하나는 대상환경의 범죄현황 분석이다. 일반적으로 실무자들이 범죄현황을 분석하기에는 한계가 있기 때문에 전문가들의 협조가 필수적이다.

사회문화적(또는 인문학적) 현황분석에는 대상지의 문화와 역사, 경제수준, 인구학적 특성 등에 대한 분석이 포함된다. 이러한 사회문화적 환경분석은 물리적 환경분석을 통해 규명되지 않는 범죄와 관련된 지역특성을 파악하는 데 도움이 되며, 또한 범죄예방디자인에 대한 주민들의 선호도 및 필요성 조사, 관심의 제고 등을 위해서도 필요하다.

CPTED Tip!

범죄예방디자인 1세대(초기 도입단계)에서는 물리적 환경디자인의 중요성이 강조되었지만, 2세대, 3세대로 진화중인 범죄예방디자인에서는 인문적인 현황분석과 주민참여의 중요성이 강조되고 있다.

사용자 참여 디자인방법의 경우 기존 디자인 프로세스에 비해 많은 시간과 노력이 소요되는 것이 사실이다. 그러나 작업의 효율만을 고려하거나 사용자 참여 결과에 대한 실무자들의 외면이 계속된다면 범죄예방디자인 프로젝트는 결코 성공하기 어렵다. 범죄예방디자인의 본질은 지역특성을 분석하여 국지적 상황에 적합한 전략들을 만들어내는 것이기 때문이다.

따라서 실무자들은 반드시 이러한 부분에 유념하여 작업을 진행해야 한다.

2단계 계획수립

범죄취약 환경개선 대상에는 물리적인 환경과 비물리적 환경이 모두 포함된다.

물리적인 환경개선은 주로 골목길과 가로시설물, 건축물을 대상으로 한 각종 디자인 활동이 중심이 되며, 비물리적 환경개선에는 이웃과의 관계 맺기(교류하기), 마을 순찰하기, 안전지도 만들기, 마을축제 및 전시회 개최 등 주민활동이 중심이 된다.

따라서 계획수립단계에서는 범죄예방디자인의 적용대상과 적용범위를 고려해야 하는데, 대상과 범위는 공간적(**space range**), 사회적(**social range**), 시간적(**time range**) 차원에 따라 달라지기 때문에 현황분석단계에서 파악된 자료들을 각각의 차원에 따라서 효율적으로 활용할 수 있는 방안을 도출하는 것이 중요하다.

공간적 대상

공간적 대상은 골목길(가로), 가로시설물, 건축물 등으로 분류되는데, 어느 시설 또는 공간에 범죄예방디자인을 적용할 것인가에 따라 도출되는 해법도 달라질 수 있다. 예를 들어 한 개의 건물이나 특정공간만을 대상으로 한다면 필요한 범죄예방디자인 전략도 제한적이지만, 여러 건물이나 길게 이어진 골목길을 대상으로 한다면 다양한 전략이 도출될 수 있으며 필요한 자원(비용, 시간, 참여인력 등)도 많이 요구되는 것이다.

이와 같이 공간적 대상의 결정은 범죄예방 효과의 영향 범위를 설정하는 것과도 연계되므로 대상지역의 범죄특성을 고려하여 환경개선의 범위를 결정하는 것이 중요하다.

사회적 대상

사회적 대상은 범죄예방디자인을 통해서 혜택을 받는 대상이나 범위를 결정하는 것이다. 범죄는 여성과 남성, 노약자와 청장년, 내국인과 외국인 등 사회적 계층에 따라 발생하는 패턴이나 심각성도 달라진다.

병의 증상에 따라 처방전이 달라지는 것과 마찬가지로 대상지역의 범죄특성을 분석한 뒤 모든 계층의 안전을 담보할 것인지 아니면 아동과 여성 등 특정 계층의 안전을 우선적으로 확보할 것인지에 따라 도출되는 디자인 대안도 달라질 수 있다. 이와 연계되는 내용으로 통제의 대상이 되는 범죄유형이 대인 범죄인지 대물범죄인지 또는 침입범죄인지, 노상범죄인지에 따라서도 필요한 범죄예방디자인 전략은 달라진다.

시간적 대상

시간적 대상은 범죄가 주로 발생하는 시기(시간대)와 범죄예방디자인이 효과를 발휘하는 시기(시간대)를 가늠하는 것이다. 범죄위험 요소가 존재하거나 부각되는 시기는 일정한 패턴으로 유형화할 수 있는데, 일(日) 단위에서는 새벽, 오전, 오후, 저녁(심야) 시간, 주(週) 단위에서는 평일(주 중의 특정 요일)과 휴일, 계절단위에서는 봄, 여름, 가을, 겨울에 발생하는 범죄유형이나 피해 수준이 다르기 때문에 이를 고려한 범죄예방디자인 계획이 수립되어야 한다.

CPTED Tip!

최근 마을단위의 CCTV 설치나 노후주택의 담장 도색 및 벽화 그리기를 범죄예방디자인 적용으로 홍보하는 사례가 증가하고 있다. CCTV의 경우 범죄자의 물리적, 심리적인 접근 차단과 사후 검거를 위한 자료로서 효과가 있지만 고가의 장비이기 때문에 모든 지역에 설치하지 못하는 한계가 있다.

한편, 담장 도색과 벽화 그리기는 일시적인 환경개선 효과가 있지만, 이마저도 야간에는 해당 효과가 발휘되기 어렵고 이러한 활동만으로 침입범죄나 살인, 강도, 방화와 같은 강력범죄를 예방할 수는 없는 것이다. 따라서 공간적, 사회적, 시간적 대상을 고려한 맞춤형 범죄예방디자인 전략이 필요하다.

3단계 전략실행

계획단계에서 정리된 적용방법과 적용범위를 조합하면 ① 소규모 S/W대안, ② 대규모 S/W대안, ③ 소규모 H/W대안, ④ 대규모 H/W대안 등 총 4가지 유형이 만들어진다.

소규모의 물리적 환경개선(H/W)에는 '각종 방범시설물 설치와 기존 시설물 보수'가 포함되는데, 방범용 CCTV나 비상벨 설치, 부족한 조명시설 확충 및 성능 향상, 건축물 외벽 배관 정리, 출입문 보안장치 강화와 같은 방범시설물 개선이 이에 해당된다. 다만, 이러한 시설물 설치 및 보수도 예산에 따른 적용 범위를 어느 수준으로 설정하는가에 따라 중대규모 전략에 포함될 수도 있다.

중대규모의 물리적 환경개선(H/W)에는 '가로의 환경개선이나 개보수 수준 이상의 건축물 정비사업'이 포함되는데, 노후 건축물 정비 및 폐공가 리모델링, 도로기반시설 정비, 토지 및 건물용도 규제 등이 이에 해당된다.

간단한 주민참여 프로그램(S/W)에는 '범죄안전 워크숍, 안전마을 만들기 교육, 안전지도 만들기, 이웃간 친교활동' 등이 포함되는데, 이러한 전략은 주로 통반 단위로 주민의 활동을 통해서 이루어진다.

중대규모의 주민참여 프로그램(S/W)에는 '범죄안전 마을 브랜드 개발, 안전마을 전시회 및 축제, 마을단위의 각종 조사 및 유휴자원 발굴활동' 등이 포함된다. 프로그램 특성상 참여하는 주민이나 사용자의 규모가 작으면 소규모 전략에 포함될 수 있다. 이러한 활동은 단위블록이나 행정동 규모에서 진행되는 것이 범죄예방에 효율적이다.

감사강화를 위한 CCTV 설치, 영역성 강화를 위한 담장 도색의 경우 어느 정도로 적용해야 지역 범죄예방에 도움이 될 것인가에 대한 고민이 발생한다. 이와 같이 동일한 범죄예방디자인 전략이라 하더라도 적용 방법과 범위에 따라서 범죄예방 효과가 달라질 수 있기 때문에, 적용 대상의 현황을 가장 잘 알고 있는 주민이나 건물 사용자들의 관심과 참여가 매우 중요하다.

CPTED Tip!

범죄예방디자인이 필요한 곳은 주로 경제적으로 어렵고 소외된 이웃들이 많이 거주하는 지역일 가능성이 높다. 이러한 지역에서 주민의 관심과 참여를 유도하는 것은 매우 어렵고, 시간이 걸리는 일이기 때문에 마을 만들기 프로그램 전문가나 해당 주민센터의 협조가 필요하다.

모든 주민의 동의를 구하기 어려운 현실적인 조건을 고려한다면, 대표성을 갖는 주민 대표자 협의회나 자율방범대와 같은 지역조직을 활용하는 것도 한 가지 방법이 될 수 있다. 다만, 이러한 경우는 사회적 계층(성별, 연령, 거주유형)이 다양하게 분포하지 않기 때문에 이를 보완할 수 있는 계층 참여에 대한 대안이 반드시 준비되어야 한다.

4단계 유지관리 및 평가

범죄예방디자인의 계획수립과 실행이 마무리되면 이를 관리하고 유지하는 책임은 사용자에게 돌아간다. 어떤 환경이건 처음에는 정돈되고 쾌적한 이미지를 제공하지만 시간이 흐를수록 감가상각(減價償却)이 되거나 노후되는 것은 환경과 시설의 특성이기 때문에 정기적인 유지관리가 범죄예방을 위해 필수적이다.

주민이나 사용자가 환경에 대한 관심을 가지고 꾸준히 유지관리하기 위해서는 범죄예방디자인의 이해가 선행되어야 하며, 자체적으로 유지관리를 위한 프로그램도 병행되어야 한다.

또한 범죄예방디자인의 범죄예방 효과성과 주민만족도 등이 포함된 사후 조사(모니터링)를 진행하고, 여기서 도출된 문제점은 향후 범죄예방디자인 프로젝트에 반영해야 한다.

2

범죄예방디자인 적용현황

공동주택

아파트 단지나 연립주택과 같은 공동주택은 영역범위가 명확하고 유지관리의 주체를 지정할 수 있기 때문에 다른 유형의 건축환경에 비해 정해진 디자인 요소들을 반복적으로 적용하거나 응용하기 쉬운 특징이 있으며, 범죄예방디자인 관련 연구 및 적용 사례도 쉽게 찾아볼 수 있다.

현재 우리나라에서 사용되고 있는 공동주택 범죄예방설계 가이드라인은 주로 서울시에서 **2009**년 개발한 '재정비촉진사업 환경설계를 통한 범죄예방 설계지침' 을 벤치마킹하여 개선된 것이다. 가장 최근에 개발된 공동주택 범죄예방설계 가이드라인과 적용 사례는 한국셉테드학회의 범죄예방디자인 인증 사례를 통해서 확인할 수 있다.

2010년 3월 창립된 사단법인 한국셉테드학회는 심각한 사회적 문제로 부각되고 있는 범죄문제를 근본적으로 예방하고 통제하기 위해서 건축물과 도시공간 유형별로 적용할 수 있는 범죄예방디자인 평가기준을 개발하여 인증제도를 시행하고 있다.

범죄예방디자인 인증

한국셉테드학회의 범죄예방디자인 인증은 디자인 인증과 시설 인증으로 분류되며 세부 내용은 다음과 같다.

디자인 인증

범죄예방디자인 인증(이하 디자인 인증)은 건축물 및 도시공간 등의 설계안(계획안)을 대상으로 인증기준의 적합성을 평가하는 것이다. 디자인 인증은 서류심사(도면 및 사업계획서 등)를 통해서 진행되는데, 범죄예방디자인 인증기준 평가항목 중 공적공간, 반공적공간, 반사적공간 등 각 영역별로 환산점수와 종합점수가 70점 이상이 될 때 최종적으로 합격(pass)으로 결정되며, 어느 한 영역이라도 70점 미만이거나 종합점수가 70점 미만일 경우 불합격(fail)으로 결정된다.

시설 인증

범죄예방디자인 시설 인증(이하 시설 인증)은 준공된 건축물 및 도시공간 등을 대상으로 인증기준에 의한 적합성을 평가하는 것이다. 시설 인증은 서류심사와 현장실사를 통해 진행되는데, 학회의 인증위원회가 대상 건축물이나 공간을 직접 방문하여 현장에서 범죄예방디자인 적용 여부와 관리자 면담, 보안 시스템 운영 및 관리상태를 종합하여 최종 인증 등급을 결정한다.

아파트단지 범죄예방디자인 인증 사례

아파트단지의 범죄예방디자인 인증기준은 "공적공간, 반공적공간, 반사적공간, 공통설비"로 구분해서 정리되는데, 이러한 기준은 아파트단지 영역별로 적용되는 디자인 요소를 고려해서 설정된 것이다. 여기서는 2013년 한국셉테드학회의 시설인증을 통과한 동부건설 센트레빌 아파트단지의 사례를 분석하였다.

영역	평가항목 (가이드라인 항목)
공적공간	1 단지, 주부출입구, 2 담장, 3 단지 외부 공원녹지
반공적공간	1 경비실, 2 보행로, 3 단지 도로, 4 놀이터, 5 상가, 6 보육시설, 7 휴게시설 8 운동시설, 9 경로당, 10 쓰레기 집하장, 11 주출입구 일반형/필로티형, 12 자동차 주차장(지상/지하), 13 자전거 주차장, 14 단지내 조경
반사적공간	1 승강기, 2 복도계단, 3 옥외배관, 4 주동 내부
공통설비	1 감시카메라, 2 안내표지판, 3 기타 사항

공적 공간

공적공간은 단지 주부출입구, 담장, 단지 외부 공원녹지로 구성되는데, 여기서 중요한 범죄예방디자인 전략은 단지 경계부를 중심으로 한 영역성 강화와 외부인의 적절한 출입통제, 그리고 단지 주변에서 발생하는 각종 활동에 대한 자연스러운 감시 가능성 등이다.

아파트단지의 영역성 확보를 위해 게이트를 설치하고 바닥포장을 주변과 차별화시켰으며, 전반적인 상황 감시와 부적절한 행태에 대한 대응을 위해 경비실이 설치되었다.

이용 빈도가 낮은 부출입구나 소출입구(또는 보조출입구)는 최소화시키되, 설치된 곳의 안전을 위해 운동 및 휴게시설을 인접 배치하고 주동에서 잘 보일 수 있도록 식재된 조경수목도 규제하였다.

단지 경계부의 담장은 투시형 구조로 설치하고 담장과 인접한 공간에는 순환형 산책로를 배치하여 자연감시를 강화시켰으며, 자연감시나 공간 활성화가 어려운 사각지대 등에는 지능형 CCTV가 설치되었다.

단지 주부출입구의 자연감시, 접근 통제, 영역성 강화 시설

상대적으로 취약한 부출입구나 소출입구 자연감시와 활동 활성화를 위한 공간배치

반공적 공간

반공적공간은 경비실, 보행로, 단지내 도로, 놀이터, 상가, 보육시설, 휴게시설, 운동시설, 경로당, 쓰레기 집하장, 주출입구(일반형, 필로티형), 자동차 주차장(지상, 지하), 자전거 주차장, 단지내 조경으로 구성되는데, 여기서 중요한 범죄예방디자인 전략은 각 공간의 자연감시 가능성, 외부인의 출입통제, 공간과 시설의 연계를 통한 주민이용 활성화 등이다.

경비실은 3면 이상 투시가 되는 구조로 디자인되었으며, 내부에는 CCTV 모니터가 설치되었다.

단지내 보행로와 도로는 주변과 시선연결이 잘 되는 곳에 배치하고 감시에 방해가 되거나 사람이 은신할 수 있는 시설물은 제거되었다. 또한 순환형 산책로는 휴게 및 운동시설과 연계되며, 가장 보호받아야 할 공간인 놀이터는 경비실과 인접 주동의 감시범위에 배치되었다.

주민 불안감이 가장 높은 지하공간은 충분한 조명과 선큰(sunken), 쉽게 인식될 수 있는 각종 사인을 통해 밝은 분위기를 형성하며 주차장과 커뮤니티 공간의 인접배치로 자연감시 가능성을 높였다.

단지내 반공적공간의 범죄예방디자인 적용 현황

반사적 공간

반사적공간은 승강기, 복도계단, 주동 내부, 옥외배관 등으로 구성되는데, 일반적으로 주동 내부로 들어와서(또는 주동 외벽배관을 이용하여) 단위세대로 침입하는 범죄가 발생할 가능성이 높은 특성을 반영한 외부인 출입통제와 주동 내외부의 자연감시 및 영역성 강화가 중요한 전략으로 적용되었다.

승강기 홀과 공동 우편함은 주동 출입구에서 잘 보이는 곳에 배치하고, 특히 승강기 내부에는 CCTV와 모니터, 후면 거울이 설치되었다.

계단실에는 외부감시와 자연채광을 위해 전면 투시가 가능한 창문과 긴급상황에 대비한 비상벨이 설치되었다. 옥외배관에는 덮개를 부착하여 타고 오를 수 없도록 하였고, 단위세대 출입문은 신문이나 우유 투입함을 제거하고 흰지를 매립시켜 침입범죄에 대응할 수 있게 디자인되었다.

단지내 반사적공간의 범죄예방디자인 적용 현황

공통설비

공통설비에는 CCTV와 안내표지판, 그리고 단지별로 특화된 범죄예방디자인이 포함된다.

CCTV의 경우 효율적으로 설치하여 감시하는 것이 중요한데, 지나치게 많은 CCTV를 설치하기 보다는 단지 내에서 가장 취약한 공간이나 감시의 효과가 높은 공간을 중심으로 설치하는 것이 바람직하다.

안내표지판은 형식적으로 설치되는 것보다는 목적에 따라 주변에서 쉽게 인식하고 내용을 이해할 수 있는 것이 중요하다.

기타 특화 디자인의 경우 설계자의 아이디어를 통해 아파트단지의 범죄예방에 도움이 될 수 있는 전략이 포함되는데, 본 인증단지에서는 CCTV가 주는 부정적인 인식을 제고하기 위해 지능형으로 작동하면서도 감시의 효율성을 높인 디자인이 적용되었다.

단지내 공통설비의 범죄예방디자인 적용 현황

기대효과

범죄예방 효과를 검증하기 위해서는 거주자들이 입주한 후 일정기간이 지나서 대상지역과 유사한 환경조건에 위치한 아파트단지와의 범죄율(또는 범죄피해경험률, 범죄불안감) 비교분석이 필요하다. 그러나 아직까지는 범죄예방디자인 인증 초기 단계이며 사례가 부족하여 실증적인 효과가 검증되지 못한 한계가 있다.

다만, 최근 들어 범죄예방디자인 적용에 대한 효과성을 검증하는 연구가 증가하고 있기 때문에 조만간 범죄예방디자인 인증 효과도 발표될 것으로 예상된다.

일반주거지

일반주거지는 각종 범죄의 발생빈도가 높고 주민 불안감도 높은 곳이지만 아파트 단지에 비해 관련 연구나 범죄예방디자인이 적용된 사례도 부족하다. 다만, 국내에서 일반주거지에 범죄예방디자인이 적용된 대표적인 사례는 지자체별로 진행되고 있는 범죄예방디자인 시범사업을 통해서 확인할 수 있다.

서울시 범죄예방디자인 프로젝트

2012년을 기준으로 서울시의 재개발, 재건축 대상지는 247곳인데, 장기불황으로 인한 부동산경기 침체, 공공주도의 전면적인 환경정비 한계, 열악한 주거환경으로 인한 주거 만족도 하락 등의 문제로 지역개발이 불투명하며 각종 사회문제가 제기되고 있다.

특히 이러한 노후 및 쇠퇴지역에서는 범죄발생이나 그로 인한 불안감이 지역사회의 슬럼화를 가속시키고 있는데, 전면적인 환경개선사업이나 방범대책의 적용이 어려운 현실에서 범죄예방디자인 적용이 새로운 대안으로 부각되었다. 이에 따라 디자인 관점에서 범죄문제를 해결하고 주거환경을 개선하기 위해 주민 참여도가 높은 지역을 대상으로 범죄예방 효과 검증과 정책의 패러다임 변화를 유도할 수 있는 시범사업의 필요성이 제기되었다.

국내외에서 단편적으로 적용된 범죄예방디자인 사례는 증가하고 있지만, 시범지역을 선정하여 전문가와 행정가, 지역주민이 공동으로 협력하여 범죄로부터 안전한 마을 만들기를 추진한 사례가 부족한 점에 착안해서 서울시에서는 2012년부터 장기적 관점에서 사업계획을 수립하고 범죄예방디자인 위원회를 구성하여 범죄예방디자인 프로젝트를 추진하였다.

범죄예방디자인 위원회는 지역주민(커뮤니티)이 주체가 되어 지속 가능한 안전마을 모델을 만들기 위해 다음과 같은 몇 가지 원칙을 정했는데, 시범사업을 통해 확산이 가능하도록 비용을 최소화할 것, 사업 후 서울시를 중심으로 한 공공과 민간의 지속적인 관심과 후원을 연계시켜 활성화시킬 것, 그리고 물리적 요소와 심리적 요소를 통제할 수 있도록 환경 특성을 고려한 디자인을 개발할 것 등이었다.

이러한 기준에 따라 여러 후보지역에 대한 전문가들의 현장조사를 통해 최종적으로 마포구 염리동과 강서구 공진중학교가 범죄예방디자인 프로젝트 시범지역으로 선정되었다.

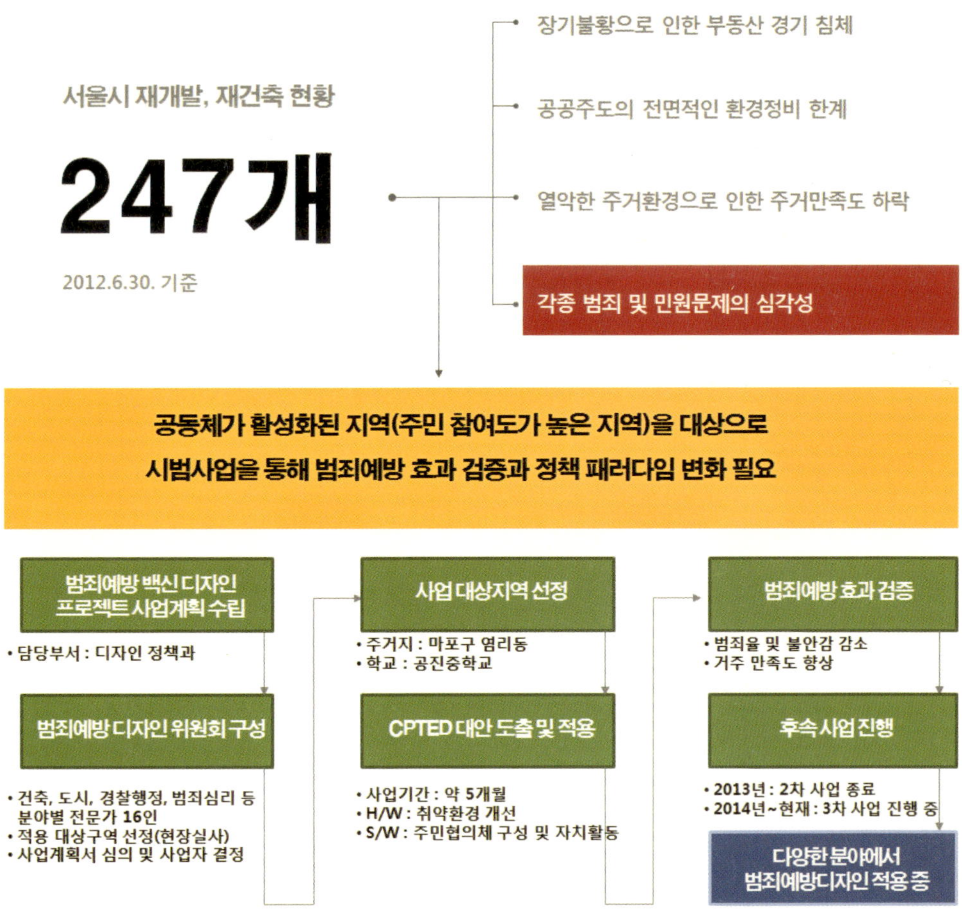

범죄예방디자인 프로젝트 추진과정(2012, 서울시 자료 인용 재편집)

마포구 염리동 소금길 프로젝트

프로젝트 개요

서울시 마포구 염리동은 주거밀집지역으로 남북으로 좁고 길게 뻗은 가로구조에 가파른 지형으로 구성된 전형적인 달동네이다. 염리동은 과거 마포나루를 통해 운반되던 소금을 보관하던 창고가 있어 '염리동(鹽里洞)' 이라는 지명이 붙게 되었는데, 최근 몇 년간 재개발이 지연되면서 공공투자가 끊기고 유동인구는 줄었으며 지역상권이 쇠퇴됨에 따라 원주민은 떠나고 임시 세입자만 증가하는 상황이 반복되고 있었다.

지역특성상 언덕과 계단이 많으며 좁고 복잡한 골목길은 차량진입은 물론 사람들의 통행도 어려워 지역에서 오래 산 사람들도 길을 잃을 정도로 미로와 같은 특징이 있다. 또한 부족한 조명시설은 주민들의 야간 범죄 불안감을 가중시키며 범죄가 발생할 경우 신고를 하더라도 정확한 위치 확인이 어려운 문제도 있었다. 그리고 지역개발이 늦어지고 슬럼화가 가속되면서 이웃간 공동체 의식이 붕괴되고 범죄 위험이 증가하게 되자 경찰청에 의해 서민보호 치안강화구역으로 지정되었다.

적용된 범죄예방디자인

이러한 지역에서 시작된 범죄예방디자인 프로젝트의 첫 단계는 마을에 대한 이해와 디자인 전략을 도출하기 위한 전문가와 지역주민, 경찰 및 행정담당 공무원이 함께 모인 토론의 자리였다. 이를 통해 범죄 불안감이 높은 지점들을 찾아냄은 물론 주민들의 일상적인 행위에서 나타나는 특징들을 발견하고 과거 이웃간 정이 넘치던 마을의 회복에 대한 의지도 확인하는 등 문제점 규명과 함께 해결의 실마리를 이끌어내는 작업들이 진행되었다.

단계별 주민조사와 현장조사를 통해 염리동에는 가로환경 활성화를 통한 자연감시 증대가 가장 중요한 이슈임을 확인하고 이에 필요한 대안들이 제시되었다.

지역의 스토리텔링과 연계된 BI 개발

소금창고가 있었던 역사성을 고려해서 이야기가 있는 동네 골목길을 만들기 위해 '소금길(**salt way**)' 이라는 **BI**(**brand identity**)를 개발하였고, 프로젝트 적용구역에 이를 모티브로 한 각종 표지판과 시설을 설치하였다.

염리동의 특성을 고려해 개발된 소금길 BI

골목길 활성화

불안감이 높은 골목길을 가장 즐거운 길로 변화시키기 위해 주민들이 자주 이용하고 모일 수 있도록 소금길 운동코스를 개발하였다. **1.7km**에 달하는 소금길은 주민들이 불안해하는 지점들을 연결해서 만들어졌는데, **Active design** 개념을 반영하여 이 길을 자주 이용하거나 산책할 경우 운동효과도 있으며 범죄취약 공간에 대한 자연감시 효과도 기대할 수 있게 되었다.

이동경로에는 소금길 코스와 간단한 운동 요령을 안내하는 표지판과 운동시설들이 설치되었고, 담장 위의 쇠창살 등은 공공미술품으로 교체함으로써 지역의 분위기를 순화시키고 호기심을 유발하는 촉매제가 되도록 하였다.

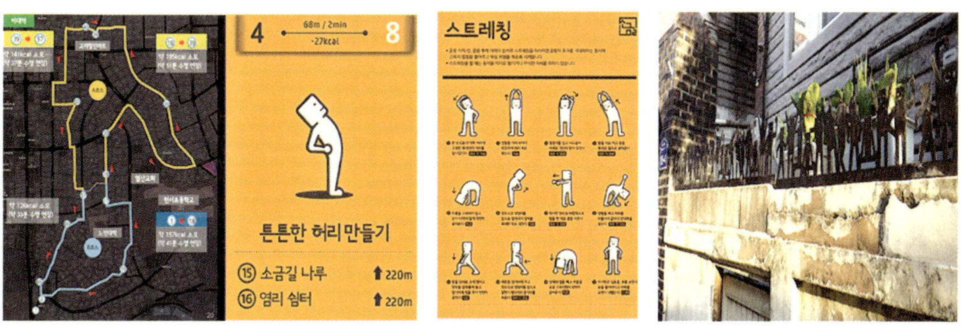

Active Design과 결합된 범죄예방디자인

방범시설 설치와 가로시설의 시인성 향상

주요 지점에 CCTV를 추가로 설치하고 주변에서도 쉽게 인식할 수 있도록 CCTV 기둥이나 바닥에 시인성 높은 표지판이 설치되었다. 그리고 야간에 위치 확인과 긴급 상황 발생시 신고가 용이하도록 총 69개의 전봇대에 번호를 지정하여 노란색으로 기둥을 도색하고 기둥 하부에는 안전지도나 위험상황 대처요령을, 상부에는 LED조명 기능이 있는 번호 표시판을 부착하였다.

또한 6개의 소금길 지킴이집(안심주택)을 지정해서 대문은 노란색으로 칠을 하고 상시조명과 비상벨, IP-CCTV를 설치하여 위험상황이 발생할 경우 도움을 요청할 수 있도록 하였다.

시인성을 높인 비상시설(안전주택, 가로등, CCTV, 비상벨) 설치 사례(2012, 서울시 자료 인용)

커뮤니티 활성화를 위한 거점공간 설치

지역의 특성상 주민들이 함께 모일 수 있는 공간이 없는 점에 착안하여 생활용품 판매 및 사랑방 기능, 24시간 방범초소 기능을 할 수 있는 거점 공간인 '소금나루' 를 설치하였다. 이곳은 사업 이후에도 주민들이 모여 스스로 환경을 관리할 수 있는 공간으로서 생활문화(북카페, 택배보관, 간이휴게 등), 운동건강(운동기구 설치 및 대여), 안전방범(자율방범대, 안전지대 기능 등)이라는 컨셉을 적용하였다.

또한 골목 아틀리에를 조성하고 주민이 직접 참여하여 벽화를 그리거나 벽면을 도색하는 작업을 진행하였다.

산뜻한 색상으로 변화된 건물벽면과 골목길 활성화를 위해 도입된 어린이 놀이공간
(2012, 서울시 자료 인용)

주민활동 거점공간으로 설치된 소금나루

기대효과

시범사업 이후 주민들의 의식수준을 조사한 결과 범죄 불안감은 **9.1%** 감소한 반면 마을에 대한 애착심은 **13.8%** 증가하였고, 설문대상의 **78.6%**가 환경개선이 범죄예방에 효과가 있다고 응답하는 등 범죄위험으로부터 서서히 벗어나는 모습이 관찰되고 있다.

또한 다른 지자체 및 공공기관에서는 범죄예방디자인을 통한 안전한 마을 만들기의 모범 사례로 염리동을 방문하여 각 지역에 유사한 프로젝트를 확산시키기 위한 노력도 증가하고 있다. 이상과 같은 범죄예방디자인 프로젝트는 범죄예방의 패러다임을 사람(범죄자, 피해자)에서 환경으로 변화시키는 촉매가 되었으며, 안전한 마을을 조성하는 데 있어 환경개선과 함께 주민참여의 중요성을 부각시킨 계기가 되었다고 평가할 수 있다.

부산시 범죄예방 환경디자인 프로젝트

부산시에서는 2012년에 도시안전디자인 워킹그룹 활동을 통해서 범죄예방디자인 도입을 위한 준비를 시작하여 도시안전디자인 포럼(2012년 12월), 범죄예방디자인 활성화 포럼(2013년 3월) 등을 진행하였다.

여기서 나온 다양한 아이디어를 종합하여 시범사업을 진행하기로 결정하였으며, 국내 최초로 일간지(부산일보)에 범죄예방디자인을 주제로 한 기획연재와 부산광역시 범죄예방 도시디자인 조례(2014년 10월)를 제정하는 등 범죄예방디자인과 관련하여 활발한 정책적 지원이 이루어지고 있다.

부산시에서는 범죄예방 환경디자인 시범사업이라는 명칭을 사용하며, (재)부산디자인센터에서 디자인과 시공을 담당하는 업체를 관리하는 책임을 맡아 2013년부터 사업이 진행되고 있다.

4개 지역 범죄예방 환경디자인 시범사업

시범사업 개요

부산시 시범사업 4개 지역은 북구 구포 2동, 사하구 감천 2동, 서구 남부민 2동, 사상구 모라 1동인데, 대부분 저소득층 밀집지역으로 고령인구가 많고 어두운 골목길로 인해 범죄에 취약한 환경적 특징이 있다.

부산시에서는 부산이라는 도시가 가지고 있는 특성과 사업 대상지역의 특성을 모두 고려하여 향후에도 표준모델로서 범죄예방디자인이 활성화될 수 있는 프로세스를 적용하였고, 범죄신고구역 표지판을 설치하였다.

범죄신고구역 표지판은 부산지방경찰청의 협조로 번호 및 위치를 지정하고 경찰시스템에 등록하여 위험상황에 신속하게 대응할 수 있도록 마련된 것이다.

북구 구포2동

사하구 감천2동

서구 남부민2동

사상구 모라1동

	단계	내용
1	범죄현황 조사	경찰청 및 경찰서 협조를 통해 대상지의 범죄 현황 분석
2	사회인구학적 현황 조사	구청, 주민센터 협조를 통한 사회인구학적 특성을 분석
3	물리적 현황 조사	위험요소, 방범시설 파악을 위해 물리적 현황 조사 실시
4	FGI 및 설문조사	지역주민 및 지역 경찰관을 대상 FGI 및 설문조사 실시
5	세부대상지 도출 및 2차 현황 조사	조사분석을 통한 개선 우선 세부대상지 도출 세부대상지의 위험요소와 불안감 상관 분석
6	문제점 및 해결방안 도출, 디자인 및 설계	조사분석 결과를 토대로 한 대상지 맞춤형 해결방안 제시 환경분석을 통한 색상 도출, 기능 및 심미성을 고려한 디자인 개발
7	동의서 징구	시공 해당 시설의 소유자 및 관리기관의 동의서 징구
8	시공	디자인, 설계, 동의서 징구 현황, 현장 상황에 따른 시공
9	만족도 조사	사업 후 주민만족도 조사

범죄예방디자인을 적용하기 위해 사용된 프로세스(2013, 부산시 자료 이용)

사업 대상지 영역성을 위한 브랜드 개발 및 색상 적용 전략

적용된 범죄예방디자인

보호를 받는 느낌과 견고하면서도 안전한 이미지를 전달하기 위해 동이름과 함께 사용할 수 있는 '안심길' 이라는 BI를 개발하였고, 진출색과 후퇴색 원리에 따라 지역별 강조 색상을 선정하였다.

또한 유지관리의 효율을 고려하여 벽화는 지양하고 가능한 단색으로 도색하는 전략으로서 훼손된 벽면과 골목길 바닥 가장자리에 강조 색상을 적용하였다.

브랜드 개발

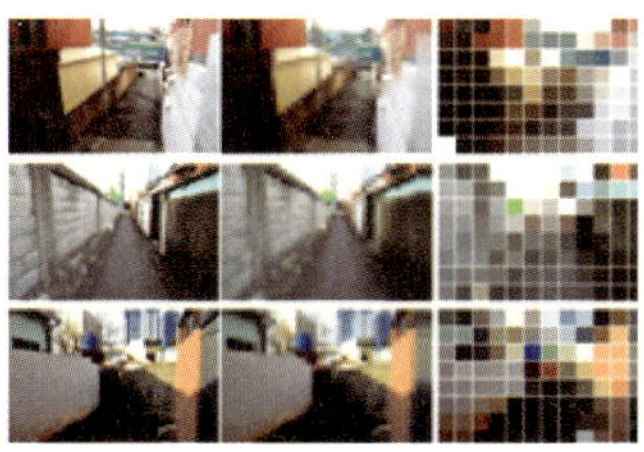
대상지 환경 색상분석을 통한 강조색 도출

브랜드 이미지의 일관된 적용

부산시 특성을 고려해 개발된 BI 및 색상(2013, 부산시 자료 인용)

북구 구포 2동

구포 2동 안심길

기차역(구포역)과 도시철도 구명역을 연결하는 골목길을 중심으로 한 구포 2동 시범사업 지역은 좁고 어두우며, 복잡한 가로구조로 인해서 주민과 외부인 모두에게 불안감이 높은 지역으로 지적되고 있다.

이러한 지역적 특성을 고려하여 '빠른 동선유도와 주변 시야 확보, 밝은 거리 조성으로 노상범죄 예방' 이라는 솔루션을 도출하였다.

구포 2동에 적용된 주요 범죄예방디자인 요약(2013, 부산시 자료 인용)

서구 남부민 2동

남부민 2동 안심길

남부민 2동은 침입절도에 매우 취약한 지역으로 복잡한 골목길과 노후된 가로시설, 영역성이 부족한 주택주변 환경, 방치된 공폐가 등의 문제점이 도출되어 '빠른 동선유도와 주변 시야 확보, 좁은 골목길을 밝고 넓게 보일 수 있도록 개선하여 침입절도 방지' 라는 솔루션을 도출하였다.

남부민 2동에 적용된 주요 범죄예방디자인 요약(2013, 부산시 자료 인용)

사하구 감천 2동

감천2동 안심길

감천 2동은 폐공가 터를 이용한 청소년들의 비행 우려가 있으며, 좁은 골목과 많은 계단(경사지의 특성)으로 인해서 불안감이 높은 문제점이 도출되어 '폐공가 활용과 공동활동 공간 조성, 밝은 골목길 조성을 통한 일탈행위 예방과 침입절도 방지' 라는 솔루션을 도출하였다.

감천 2동에 적용된 주요 범죄예방디자인 요약(2013, 부산시 자료 인용)

사상구 모라 1동

쇠퇴하고 있는 전통시장이 위치한 모라 1동은 영업을 하지 않는 점포들이 많아 야간 보행자들의 불안감이 높고 시장에 인접한 주택을 대상으로 한 침입범죄 발생의 위험이 높은 지역으로 지적되고 있다.

이러한 특성을 고려하여 '시장에 조명을 설치하고 야간 보행공간의 시야 확보를 할 수 있는 디자인과 배관에 덮개를 설치함으로써 불안감 저감 및 침입범죄 예방' 이라는 솔루션을 도출하였다.

모라 1동에 적용된 주요 범죄예방디자인 요약(2013, 부산시 자료 인용)

기대효과

시범사업 이후 135명의 주민들을 대상으로 한 설문조사에서 응답자의 88.2%가 환경디자인 개선에 대해서 만족하고 있으며, 관할 지구대의 범죄신고 건수가 감소하는 등 안전한 환경으로 개선된 모습이 확인되고 있다.

또한 2014년 파이낸셜 뉴스가 주최한 '대한민국 국토도시디자인 대전' 에서 국토교통부 장관상을 수상하였고, 각종 언론매체를 통한 보도를 통해서 범죄예방디자인 홍보에도 기여한 바 있다. 2015년에도 범죄예방디자인 시범사업은 계속되고 있으며, 이전 시범사업에 대한 지속적인 모니터링을 통해서 범죄예방 효과가 입증될 것으로 기대되고 있다.

학교시설

공진중학교 드림 업 프로젝트

서울시 강서구 공진중학교 사례는 서울시 범죄예방디자인 프로젝트의 일환으로 추진된 것이다. 공진중학교는 노후주택들과 영구임대 아파트가 밀집한 주거지역에 위치해 있는 소규모 학교로서 시설이 오래되고 방치된 공간이 많아서 정서적으로 불안정한 요인들과 학생안전을 위협하는 요소들이 상존하고 있는 특징이 있었다. 그리고 학생들의 생활패턴을 분석한 결과 대부분이 방과 후에도 학교에 남아 있는 사례가 확인되었다.

이러한 학생들의 생활패턴과 물리적 환경의 특수성 등을 종합하여 기존에 제시된 학교 범죄예방디자인 기준을 적용하기보다는 방과 후 여가활동을 증진시킴으로써 개인적인 스트레스도 해소하고 정서적으로 안정적인 분위기에서 학업에 임할 수 있도록 특별한 디자인이 적용되었다.

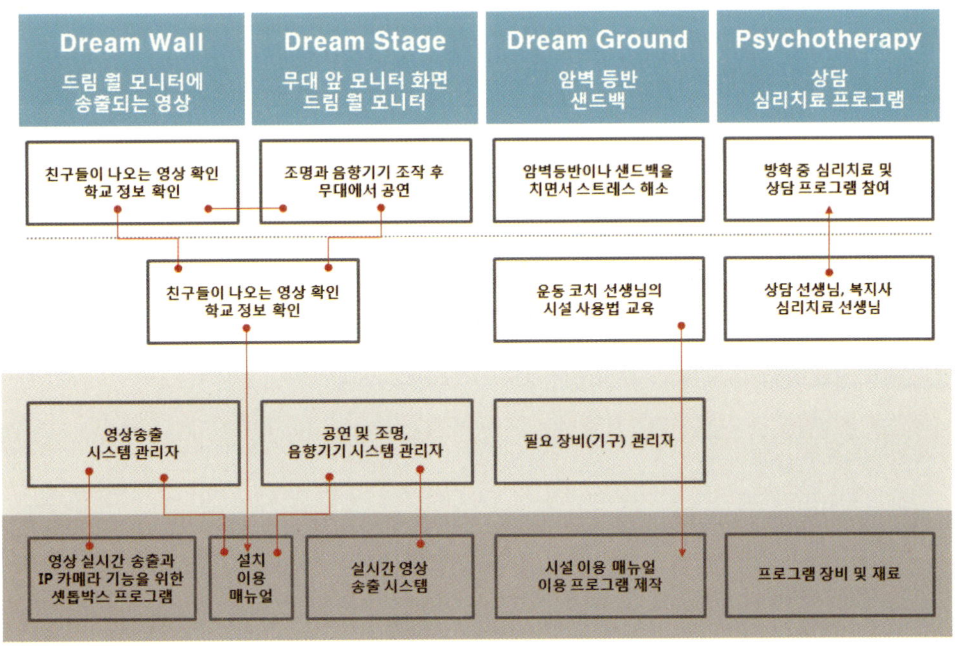

공진중학교에 적용된 범죄예방디자인 개념(2013, 샘파트너스 자료 인용)

감시의 사각지대 활성화를 위한 디자인

교내에 사각지대는 많지만 기존 CCTV만으로는 학생안전관리에 한계가 있는 점을 고려하여 사각지대를 감시가 아닌 즐기는 대상으로 전환시키기 위해 꿈의 무대(dream stage)와 스트레스 해소 존(dream ground)을 설치하였다.

기존에 방치된 사각지대(2012, 서울시 자료 인용)

사각지대에 조성된 학생들의 활동 무대(2012, 서울시 자료 인용)

학생들의 활동을 확인할 수 있는 모니터(2012, 서울시 자료 인용)

감시의 사각지대에 동영상 카메라와 음향 플러그인이 가능한 스피커 및 작은 무대를 설치하고, 이곳에서 이루어지는 학생들의 활동을 자유롭게 변환하여 이동이 많은 현관입구에 위치한 소통의 벽을 통해 송출되도록 계획한 것은 독특한 아이디어였다.

이는 **CCTV**의 감시라는 기능이 학생들에게 거부감을 주고 있으며, 각종 문제가 발생한 이후 확인용으로 주로 사용되는 점에 착안하여 사각지대에서는 긍정적인 학생활동이 자유롭게 이루어지고 **CCTV**는 이러한 친구들의 활동을 함께 공유하는 장치로서 인식되도록 유도한 것이다. 이를 통해 자연스럽게 사각지대를 관리하고 감시하는 역발상의 디자인 사례라 할 수 있다.

또한 페인트칠이 벗겨지고 방치된 건물의 외벽을 정비하여 암벽등반을 할 수 있는 환경(**dream wall**)으로 만들고, 실내외 주요공간에 샌드백(**dream ground**)을 설치하여 운동기능과 스트레스 해소 기능을 수행할 수 있도록 계획하였다.

학생들의 스트레스를 해소할 수 있는 샌드백 설치(2012, 서울시 자료 인용)

외벽을 정비하여 암벽타기 공간으로 개선(2012, 서울시 자료 인용)

상담심리 프로그램과 컬러테라피

디자인 전문가들과 대학생들의 재능기부를 받아서 건물 입면, 복도 및 계단을 중심으로 정서적 측면을 고려하여 밝고 재미있는 분위기가 확산될 수 있도록 벽면을 도색하였다. 그리고 밝아진 공간계획과 함께 여름방학엔 드라마, 독서, 미술 등 심리치료 프로그램을 병행하여 학생들의 심리상태를 분석할 수 있도록 하였다.

학교건물 입면 변화(2012, 서울시 자료 인용)

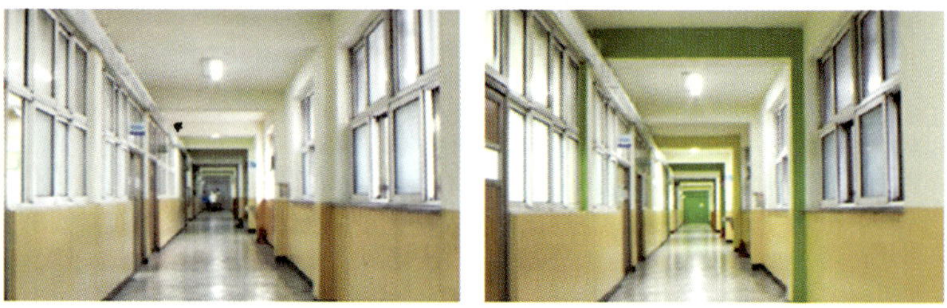

복도 벽면 색채변화(2012, 서울시 자료 인용)

계단실 색채 변화(2012, 서울시 자료 인용)

기대효과

범죄예방디자인 시범사업을 통해 저소득 소외계층의 비율이 높고 교육복지 지표가 열악했던 공진중학교에서는 무질서에 대한 인식과 범죄의 두려움이 각각 7.4%와 3.7%로 하락하였으며, 학교에 대한 애착심은 1.4%, 시설물에 대한 호감도는 27.8%가 증가하였다. 설문조사를 통해 나타난 지표만 본다면 시범사업 전후로 큰 차이가 있다고 볼 수는 없다. 그러나 대상 학교 범죄문제의 특성을 고려한다면 범죄 자체보다는 학생들의 심리와 정서적 측면의 안정감 확보가 중요했고, 이를 통해 궁극적으로 범죄예방 효과까지 기대하는 것이 바람직할 것이다.

물론 시범사업 대상지가 다른 학교였다면 또 다른 디자인 전략이 적용되었을 것이다. 그럼에도 불구하고 공진중학교 프로젝트는 CCTV나 배움터 지킴이와 같은 기계적, 인적 감시 시스템에 의존하고 있던 학교안전 대책이 학생 심리와 정서, 교육환경의 특수성 모두를 고려한 디자인 관점의 안전대책으로 전환될 수 있다는 가능성을 확인했다는 측면에서 충분한 의의를 찾을 수 있다.

교육부 범죄예방디자인 시범사업

시범사업 개요

교육부에서는 학교폭력대책과가 중심이 되어 2013년부터 범죄예방디자인 시범적용 학교 컨설팅 사업을 진행하고 있다. 컨설팅은 학교폭력을 사전에 예방하기 위해 학교시설 설치 및 변경시 범죄예방디자인 전문가들의 현장방문과 수시자문을 통해서 이루어지고 있다.

매년 초 · 중 · 고등학교 약 50여 곳을 대상으로 진행된 범죄예방디자인 시범사업은 학교 선생님들이 디자인을 제안하고 전문가가 컨설팅하는 방법으로 학교별 맞춤형 전략이 도출된 특징이 있다.

자연감시를 위한 디자인

야간에 하교하는 학생안전을 위해 조명을 추가로 설치하고 체육관이나 화장실 출입문은 투시형 구조로 개선하는 등의 작업이 진행되었다.

접근 통제를 위한 디자인

학교 내 · 외부 공간에서 외부인의 출입을 통제하고 감시의 사각지대에 학생들이 출입하는 것을 방지하기 위한 투시형 펜스와 CCTV가 설치되었다.

영역성과 활용성 강화를 위한 디자인

유휴공간에 학생 편의시설을 배치하고, 방과 후 교실을 효율적으로 관리하도록 공간배치를 조정하였으며, 방치된 벽면은 도색을 하거나 학생들의 미술작품을 전시함으로써 교내 · 외 이미지를 밝게 만드는 작업들이 진행되었다.

기대효과

학교당 약 2,000만원 정도의 예산지원으로 많은 환경을 개선하는 것에는 한계가 있는 사업이었다. 그럼에도 불구하고 적은 예산을 효율적으로 활용하기 위해 사전에 범죄예방디자인 교육을 이수한 선생님들이 스스로 학교환경의 문제점을 규명하고 대안을 제시한 뒤 전문가들의 현장방문과 수시자문을 통해서 학교별 맞춤형 범죄예방디자인 전략을 적용하였다는 측면에서 의의가 있다.

시범사업 이후에 지속적인 평가(범죄율 및 환경 만족도 변화 등)가 이루어지지 않고 있어 구체적인 효과를 분석하기는 어렵지만 이전과는 다른 긍정적인 효과가 있을 것으로 예상된다.

유휴공간 활성화를 위한 환경개선(위)과 CCTV 기능 향상을 위해서 함께 설치된 조명시설(아래)

04

사례로 이해하는 범죄예방디자인

본 장에서는 실무에서 참고할 수 있는
범죄예방디자인 사례를 아파트단지와
일반주거지역으로 구분하여
지침과 해설로서 설명하였다.

핵심 사례 20 개요
아파트단지의 범죄예방디자인
일반주거지의 범죄예방디자인

CRIME PREVENTION THROUGH ENVIRONMENTAL DESIGN

1

핵심 사례 20 개요

핵심 사례의 필요성

범죄예방디자인에 대한 관심과 수요는 꾸준히 증가하고 있지만, 실무자들이 참고하여 계획 및 설계에 반영할 수 있는 구체적인 사례나 자료는 부족한 실정이다. 지금도 각 도시에서 다양한 프로젝트가 진행되고 있지만 범죄예방디자인 기본원리 정도를 나열하는 수준에 머무르고 있어 이러한 현실에서는 범죄예방이나 불안감 저감의 효과를 기대하기 어려운 한계가 있다.

또한 일부 프로젝트를 통해서 공개된 자료만을 참고함으로써 동일한 내용들이 반복되는 상황에서는 자칫 대상 환경의 범죄특성을 배제한 채 피상적인 대책만을 제시하여 범죄예방의 본질을 벗어나는 문제가 나타날 우려도 있다.

따라서 범죄예방디자인의 개념과 실천전략이 자연스럽게 도시건축계획과 환경디자인에 반영되고, 이러한 작업들이 활성화되기 위해서는 일선에서 실무를 담당하고 있는 사람들의 이해를 돕기 위한 다양한 유형의 사례에 대한 해설과 가이드라인 제공이 필요하다.

핵심 사례 구성

이러한 필요성을 인식하여 본 장에서 제공되는 사례로 이해하는 범죄예방디자인의 내용은 도시건축환경 유형별로 적용되었거나 적용 가능한 디자인 방안들을 정리한 것이다.

기본적으로 현장에서 가장 필요하거나 범죄예방에 효과가 있다고 판단되는 핵심 사례를 정리한 뒤, '문제점 규명, 범죄예방디자인 전략 설정, 범죄예방디자인 지침, 디자인 솔루션' 의 틀에서 분석하고 해설을 추가하였다.

여기서 제시되는 사례는 대부분 저자들이 지금까지 연구하였거나 각종 프로젝트를 통해 효과를 기대하고 있는 것으로 구성되어 있어 실무에서 바로 적용할 수 있으며, 현장의 특성에 맞게 디자인 요소들을 변형한다면 더 많은 범죄예방디자인 전략들이 도출될 수 있을 것이다.

아파트단지

환경특성

우리나라에서는 아파트단지 거주비율이 빠르게 증가하고 있는데, 오래된 아파트단지를 중심으로 차량훼손이나 우편물 절도, 아동과 여성을 대상으로 한 강력범죄 등이 꾸준히 발생하고 있으며, 지하공간과 엘리베이터, 계단실 주변에서는 주민 불안감이 높게 나타나고 있다.

아파트단지는 다른 주거유형에 비해 범죄발생 빈도는 적지만 한 건의 범죄가 단지 전반에 미치는 파급효과가 크며, 특히 경비원과 보안시스템에 의존해서 여타의 방범대책을 소홀히 할 경우 각종 범죄가 증가할 우려가 있다.

아파트단지는 경계공간, 단지내 외부공간(지상, 지하), 주동 내외부 등 3단계로 구분하여 범죄예방디자인을 적용할 수 있는데, 단지를 기본으로 조성되는 특성으로 인해 영역범위가 명확하고 동일한 설계기법을 응용하여 적용하기 용이한 특성이 있다.

- 단지 경계공간 : 담장, 주부출입구
- 단지내 외부공간 : 보행로와 차로, 녹지공간, 운동공간, 휴게공간, 지하공간(주차장, 커뮤니티 시설 등)
- 주동 내외부공간 : 주동 출입구, 엘리베이터 홀, 계단실, 옥상과 지하, 단위세대, 외벽

위와 같이 경계공간, 외부공간, 주동 내외부공간을 중심으로 각 공간에서 발생하는 범죄의 특성과 불안감이 달라진다. 따라서 영역별로 외부인의 접근을 통제하는 디자인과 공간 및 시설 간의 연계를 통해 자연감시를 강화시키는 디자인, 그리고 사회적 통제기작의 일환으로서 환경정비와 연계된 영역성을 강화시키는 디자인 등으로 구분하여 범죄예방디자인이 적용될 수 있다.

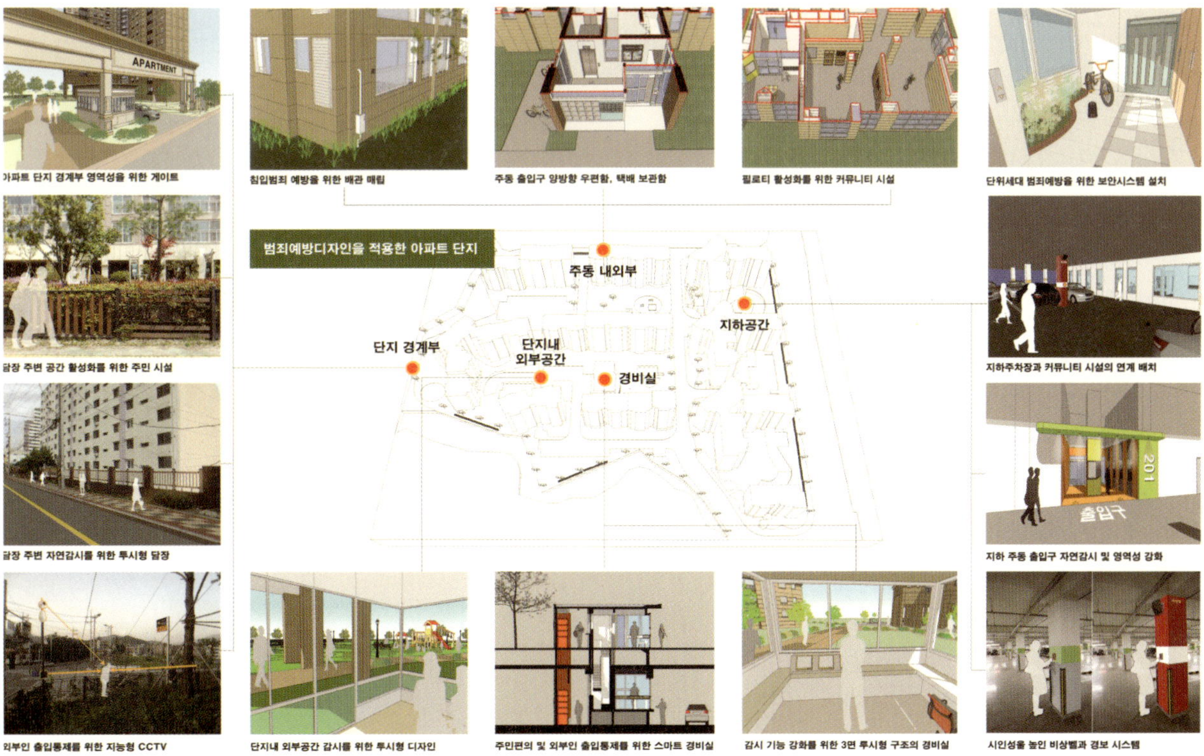

1 단지경계부

영역시설 바닥포장

문제점 규명

PROBLEM DEFINE

아파트단지 출입구는 단지를 구분하는 경계임과 동시에 출입의 거점공간으로서 주변환경과의 영역적 위계 설정이 이루어지지 않는다면 범죄예방을 위한 물리적, 심리적 1차 방어선이 붕괴되는 것으로 볼 수 있다.

특히 아파트단지의 입지조건과 주변 지역의 범죄특성을 고려하지 않고 출입구를 계획할 경우 외부인 출입통제가 어려운 문제가 발생할 수도 있다.

따라서 주변 지역의 범죄위험도 평가와 입주자의 생활패턴 예측을 통해서 출입구를 효율적으로 배치하고, 부적절한 외부인 출입통제와 환경관리 범위를 명확히 할 수 있는 디자인이 필요하다.

STRATEGY
DESIGN CONCEPT

전략 설정

Surveillance

- 출입구 주변 상황을 항상 감시하고 관리할 수 있는 경비실 설치와 위치 선정
- 입지조건에 따라 주민편의와 외부인 통제를 고려한 효율적인 출입구 위치 선정

Access Control

- 차량과 보행자의 출입구를 분리하고, 차량 출입을 통제할 수 있는 시스템 설치

Territoriality

- 주부출입구 주변의 영역성을 강화시킬 수 있는 시설물 설치와 환경 디자인

CPTED
GUIDELINE

범죄예방디자인 지침

- 외부인 출입을 통제하고 자연감시를 강화시키기 위해서 출입구 개수와 위치를 조정한다.
- 출입구 주변 자연감시와 접근 통제를 위해서 경비실을 배치하고, 보행공간과 차량공간은 분리하며, 차량출입로에는 차단기를 설치한다.
- 아파트단지의 영역성 강화를 위해 출입구 주변에서 쉽게 인식할 수 있는 게이트나 폴대, 안내시설을 설치한다.
- 영역성 강화를 위한 시설물 설치와 함께 출입구 주변의 바닥포장을 차별화시킨다.

범죄예방디자인 적용방안

KEY POINT | 단지 출입구 게이트, 바닥포장, 보행로와 차로분리, 경비실

기존 단지 출입구

개선된 단지 출입구

CPTED 원리						범죄문제		
자연감시	접근 통제	영역성 강화	명료성 강화	활용성 증대	유지관리	대인범죄	대물범죄	불안감

CPTED REVIEW

위 그림은 게이트를 설치하고 경비실을 중심으로 보행로와 차로를 구분시켜 자연감시와 영역성을 강화시킨 사례이다.

일반적으로 외부인의 아파트단지 출입을 적극적으로 규제하는 것은 쉽지 않기 때문에 위와 같은 게이트 설치나 바닥포장 변화는 상징적인 장애물 개념으로 적용된 범죄예방디자인 전략이라고 할 수 있다.

단지내 안전을 위해서 보다 중요한 것은 입지 조건에 따라서 주부출입구 또는 소출입구의 개수와 위치를 조정하고 출입구를 경비실의 감시범위 내에 위치시키는 것이다.

야간인식이 용이한 게이트

차량 출입통제 시스템

KEY POINT | 정보제공 가벽과 폴대, 경비실

CPTED 원리						범죄문제		
자연감시	접근 통제	영역성 강화	명료성 강화	활용성 증대	유지관리	대인범죄	대물범죄	불안감

CPTED REVIEW

위 그림은 주출입구에 게이트가 아닌 벽면과 폴대를 이용하여 주출입구의 영역성을 강조한 것이며, 부출입구에는 경비실을 배치하여 주변 환경에 대한 감시를 강화시킨 사례이다.

게이트와 같은 구조물 설치가 어려운 환경에서는 가벽을 활용하여 단지 정보를 제공하는 영역적 시설로 활용할 수 있고, 폴대를 사용하는 경우 미디어 폴 개념과 유사하게 정보제공과 함께 출입구 보조 조명의 기능도 수행할 수 있는 특징이 있다.

2 단지경계부

담장

문제점 규명

PROBLEM DEFINE

아파트단지 경계부는 특성상 수목이 밀식되고 주민공간이 드물게 배치됨에 따라서 감시의 사각지대가 다수 존재할 수 있다.

아파트단지 경계부의 자연감시, 접근 통제, 영역성, 유지관리 등이 미흡할 경우 잠재적 범죄자의 출입경로로 이용될 위험이 있으며, 주민들의 불안감도 가중시킬 수 있다. 따라서 주변 지역의 범죄위험도 평가와 입주자의 생활패턴 예측을 통해서 적절한 담장 디자인, **CCTV**와 주민이용 시설의 효율적인 배치가 필요하다.

STRATEGY
DESIGN CONCEPT

Surveillance

Access Control

Territoriality

전략 설정

- 단지 경계부 자연감시를 위한 담장과 시설물 디자인
- 부적절한 행태를 감시하고 외부인 출입을 통제하기 위한 시설물 배치
- 단지 경계부 공간 활성화를 위한 공간 배치와 시설물 디자인

CPTED
GUIDELINE

범죄예방디자인 지침

- 외부인 출입을 통제하고 자연감시를 강화시키기 위해 담장을 투시형으로 설치한다.
- 단지 경계부에 인접한 외부 보행로 및 차로와 담장 주변의 시선연결이 방해되지 않도록 식재되는 관목의 수고와 교목의 지하고를 규제한다.
- 외부인 침입을 감시하고 통제할 수 있는 CCTV를 설치하고 명료한 표지판을 설치한다.
- 담장 주변의 공간 활성화를 위해 주민이용 빈도가 높은 휴게 및 운동시설을 순환형 보행로와 함께 배치하고 외부 보행로나 차로에서 잘 보일 수 있도록 계획한다.

범죄예방디자인 적용방안

CPTED SOLUTION

KEY POINT | 투시형 담장, 휴게 및 운동공간

기존 담장

개선된 담장

CPTED 원리						범죄문제		
자연감시	접근통제	영역성강화	명료성강화	활용성증대	유지관리	대인범죄	대물범죄	불안감

CPTED REVIEW

과거 아파트단지의 담장은 막힌 구조로 디자인되어 주거지의 폐쇄성을 강화시키고 주변과 물리적, 심리적으로 단절된 환경을 조성하는 문제가 있었다.

최근에는 아파트단지의 담장을 대부분 투시형 구조로 디자인하고 있어 이러한 문제는 상당 부분 해소되고 있지만, 공간 활성화 측면에서는 아직 미흡한 부분이 있는 것도 현실이다.

위 그림은 단지 경계부의 자연감시 기능을 강화시키기 위해서 인접 주동과 단지내 산책로, 외부 보행로에서 잘 보이는 위치에 휴게 및 운동시설을 배치함으로써 공간 활성화도 유도한 사례이다. 해당 시설을 이용하는 단지 주민들과 인접한 보행로를 이용하는 사람들이 상호 감시를 통해서 주변 환경이 안전하게 유지될 수 있다.

폐쇄형 담장

투시형 담장

KEY POINT | 지능형 CCTV, 적외선 감지기

기존 담장 CCTV

개선된 담장 CCTV

CPTED 원리						범죄문제		
자연감시	접근 통제	영역성 강화	명료성 강화	활용성 증대	유지관리	대인범죄	대물범죄	불안감

지능형 CCTV

CPTED REVIEW

위에 제시된 지능형 **CCTV**에 의한 외부인 출입통제 시스템은 동부건설 아파트단지에서 적용하고 있는 사례이다.

일반적인 **CCTV**는 고정형으로 설치되어 있어 담장을 넘어 이동하는 침입자를 추적하거나 확인하는 것에 어려움이 있었다. 그러나 해당 사례에서는 외부인의 침입시도가 있을 경우 담장에 설치된 적외선 감지기가 이를 감지하고 센서로 연동된 가장 가까운 곳의 **CCTV**가 해당 장소를 감시하기 위해 회전하는 시스템이 적용되어 담장주변 감시의 효율성을 높일 수 있다. 또한 **CCTV**가 주는 부정적인 이미지를 개선하기 위해 **CCTV**의 디자인도 개선하였다. 이와 같이 부정적인 이미지를 완화시킬 수 있는 디자인을 범죄예방디자인과 결합시킨다면 범죄예방에 긍정적인 효과가 있을 것이다.

3 단지경계부, 단지내 외부공간

경비실

문제점 규명

PROBLEM DEFINE

최근 관리비 절감차원에서 경비실을 줄이는 경향이 증가함에 따라 범죄예방 뿐 아니라 각종 긴급 상황이 발생할 경우 신속한 대응이나 환경관리적 측면에서의 문제점이 노출되고 있다.

경비실은 외부인 출입통제나 단지 내에서 발생하는 각종 민원해결, 그리고 단위세대 입주자 부재시 우편물이나 택배를 대신 수령하고 보관하는 역할도 필요하지만 기존 경비실 디자인과 기능으로는 한계가 있다.

따라서 단지내 범죄예방과 환경관리를 위해서 경비실의 효율적인 배치와 입면 디자인이 필요하다.

STRATEGY
DESIGN CONCEPT

Surveillance

Access Control

Territoriality

전략 설정

- 단지를 전반적으로 잘 보고 관리할 수 있는 위치 선정과 입면 디자인
- 외부인 출입을 통제할 수 있는 시스템 구축
- 우편물이나 택배를 보관할 수 있는 적절한 공간 확보 및 디자인

CPTED
GUIDELINE

범죄예방디자인 지침

- 외부인 출입을 통제하고 자연감시를 강화시키기 위해서 단지가 전반적으로 잘 보이는 곳에 경비실을 배치한다.
- 경비실 주변에는 시선연결을 방해하는 요소들을 규제하고, 경비실 입면은 3면 이상 투시형 구조로 계획한다.
- 경비실의 활용성을 높이기 위해 우편물이나 택배를 보관할 수 있는 적절한 공간을 확보한다.

범죄예방디자인 적용방안

CPTED SOLUTION

KEY POINT | 잘 보이는 곳에 배치, 3면 이상 투시형 디자인

기존 경비실

개선된 경비실

CPTED 원리						범죄문제		
자연감시	접근 통제	영역성 강화	명료성 강화	활용성 증대	유지관리	대인범죄	대물범죄	불안감

CPTED REVIEW

위 사례와 같이 3면 이상 투시형 구조로 경비실을 디자인할 경우 감시면적 확대를 위해 기둥을 최소화시키고 주변에 식재되는 조경수목이나 기타 시설물이 감시의 방해요소가 되지 않도록 관리하는 것이 중요하다.

또한 경비실에는 24시간 경비원이 상주하는 것을 전제로 CCTV 모니터링 시스템을 설치하며, 여유 공간이 있을 경우 택배 보관함을 설치한다면 주민 편의 도모와 함께 범죄예방에도 일정 부분 효과를 기대할 수 있다.

기능이 강화된 경비실

경비실 내부 택배 보관함

KEY POINT | 지상·지하 2중 구조 디자인, 우편물과 택배 보관 공간

CPTED 원리						범죄문제		
자연감시	접근 통제	영역성 강화	명료성 강화	활용성 증대	유지관리	대인범죄	대물범죄	불안감

지상층 경비실

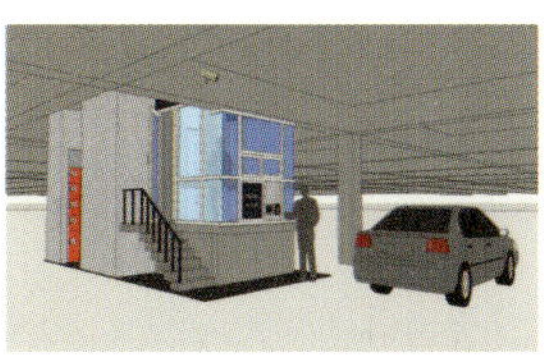
지하층 경비실

CPTED REVIEW

위에 제시된 지상·지하 복층형 구조의 경비실은 대림 코퍼레이션 리빙 디자인연구소와 고려대학교 건축학과가 공동으로 수행한 프로젝트를 통해서 개발된 사례이다. 복층형 구조의 경비실을 설치할 경우 잉여공간을 택배보관함이나 경비원의 편의공간으로 활용할 수 있는 장점이 있다.

또한 관리의 편의를 위해 경비원 2인이 함께 상주하는 것이 효율적임을 고려하여 지상에서는 일반적인 경비업무를 담당하고, 지하에서는 주차장을 이용하는 사람들을 통제하는 업무를 담당하여 지상과 지하에서의 범죄예방 효과를 기대할 수 있다.

4 단지내 외부공간(지상공간, 지하공간)

커뮤니티시설

문제점 규명

PROBLEM DEFINE

아파트단지에서 대표적인 커뮤니티시설인 피트니스 센터, 보육시설, 회의공간 등이 지하공간에 배치될 경우, 지하공간의 폐쇄적이고 자연채광이 되지 않는 특성으로 인해서 불안감을 유발할 수 있다.

커뮤니티시설 계획에서 가장 중요한 것은 주민들의 생활패턴과 이용 시간대를 고려한 배치계획인데, 접근성만을 고려하여 배치할 경우 취약 시간대에 이용하는 주민들을 대상으로 한 범죄발생의 위험이 있다.

따라서 주민이용과 함께 주변 공간 및 시설에 대한 자연감시도 활성화시킬 수 있는 커뮤니티시설 디자인이 필요하다.

STRATEGY
DESIGN CONCEPT

Surveillance

전략 설정

- 커뮤니티시설의 경우 이용목적과 대상, 주변 시설의 관계를 고려해서 상호감시가 가능한 구조의 디자인 적용

CPTED
GUIDELINE

범죄예방디자인 지침

- 자연감시를 고려해서 지상에 설치되는 커뮤니티시설은 보행공간, 휴게 및 운동공간, 어린이 놀이터 등과 상호 시선연결이 좋은 곳에 배치한다.
- 커뮤니티시설 주변에는 시선연결을 방해하는 요소들을 규제하고, 입면은 가급적 투시형 구조로 계획한다.
- 지하에 설치되는 커뮤니티시설이 주차장과 인접할 경우 구조적으로 문제가 없는 범위에서 창문(투시형 벽면)을 설치하여 자연감시를 강화시킨다.

범죄예방디자인 적용방안

CPTED SOLUTION

KEY POINT | 주변을 잘 볼 수 있는 곳에 배치, 투시형 디자인

기존 커뮤니티시설

개선된 커뮤니티시설

CPTED 원리						범죄문제		
자연감시	접근 통제	영역성 강화	명료성 강화	활용성 증대	유지관리	대인범죄	대물범죄	불안감

CPTED REVIEW

위 사례와 같이 지상에 배치되는 커뮤니티시설은 주로 보육시설, 노인정, 주민회관 등인데, 이러한 시설을 이용하는 계층의 특성을 고려한다면 어린이 놀이터나 운동 및 휴게공간과 인접 배치함으로써 상호 감시 기능을 강화시킬 수 있다.

특히 어린이 놀이터의 경우 인접해서 보호자(어머니 등)를 위한 맘스존(**mom's zone**) 등을 배치하면 아이들에 대한 감시와 함께 이웃간 교류 증진에도 도움이 될 수 있다.

보행로와 커뮤니티시설 연계(주간)

보행로와 커뮤니티시설 연계(야간)

KEY POINT | 주차장과 인접한 피트니스 센터, 투시형 엘리베이터

기존 커뮤니티시설

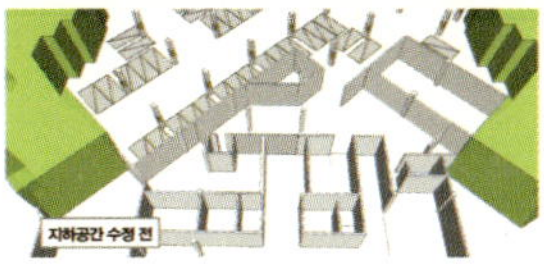

개선된 커뮤니티시설

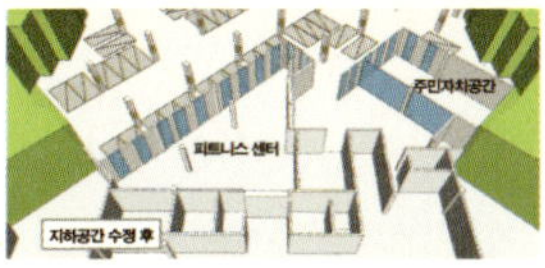

CPTED 원리						범죄문제		
자연감시	접근 통제	영역성 강화	명료성 강화	활용성 증대	유지관리	대인범죄	대물범죄	불안감

지하 피트니스 센터 내부

지하층과 연계되는 엘리베이터

CPTED REVIEW

지하에 배치되는 대표적인 커뮤니티시설인 피트니스 센터의 경우 주로 출근 전 이른 시간대나 퇴근 후 야간 시간대에 주민 이용이 많은데, 이러한 시간대에 지하공간을 이용하는 주민들의 범죄 불안감이나 범죄발생 위험을 저감시키기 위해 주차공간과 인접배치하고 투시형 구조로 벽면을 디자인할 수 있다.

또한 지하 주차장 기둥에는 일정한 간격으로 비상벨을 설치하고 쉽게 인식할 수 있도록 주변과 차별화된 색상을 적용한다. 한편, 지하로 연결되는 엘리베이터의 경우 내부에서 발생하는 범죄를 예방하기 위해 투시형 구조로 설치할 수 있다.

5 지하공간

지하주차장

문제점 규명

PROBLEM DEFINE

지하주차장은 폐쇄적이고 자연채광이 되지 않는 특성으로 인해 아파트단지에서 불안감이 가장 높고 각종 범죄발생 위험도 높은 장소이다.

지하주차장 계획에서 가장 중요한 것은 외부인의 접근통제와 함께 주변 공간과의 시선연결인데, 각종 기둥과 벽체 등으로 인해서 구조적으로 자연감시가 어려운 문제가 있다.

따라서 지하주차장은 밝은 이미지 조성을 위한 조명설치, 벽면 도색과 슈퍼그래픽, CCTV와 비상벨 설치 등 다양한 범죄예방디자인 전략이 필요하다.

STRATEGY
DESIGN CONCEPT

Surveillance

Access Control

전략 설정

- 지하공간의 전반적인 자연감시를 강화시키기 위한 공간계획과 시설물 설치, 기타 환경 디자인
- 위치 확인과 방향 인식을 위한 공간 배치, 방범시설 디자인

CPTED
GUIDELINE

범죄예방디자인 지침

- 지하주차장의 자연감시를 강화시키기 위해 구조적으로 문제가 되지 않는 벽체는 개방적인 형태로 계획한다.
- 지하주차장의 자연감시를 위해 천창이나 선큰과 같은 디자인을 적용한다.
- 지하주차장의 자연감시와 잠재적 범죄자의 은신공간 제거를 위해 벽면과 주차공간(주차구역)을 적절히 이격시킨다.
- 지하주차장 벽면에는 밝은 색채를 적용하며, 위치 확인과 목적 공간을 쉽게 인식할 수 있는 표지판을 계획한다.
- 지하주차장에 설치된 비상벨의 경우 쉽게 인식할 수 있도록 주변과 차별화된 색채를 적용하고 경고방송이 송출되는 스피커를 함께 설치한다.

범죄예방디자인 적용방안

CPTED SOLUTION

KEY POINT | 은신공간 제거, 명료한 안내표지판, 측벽조명

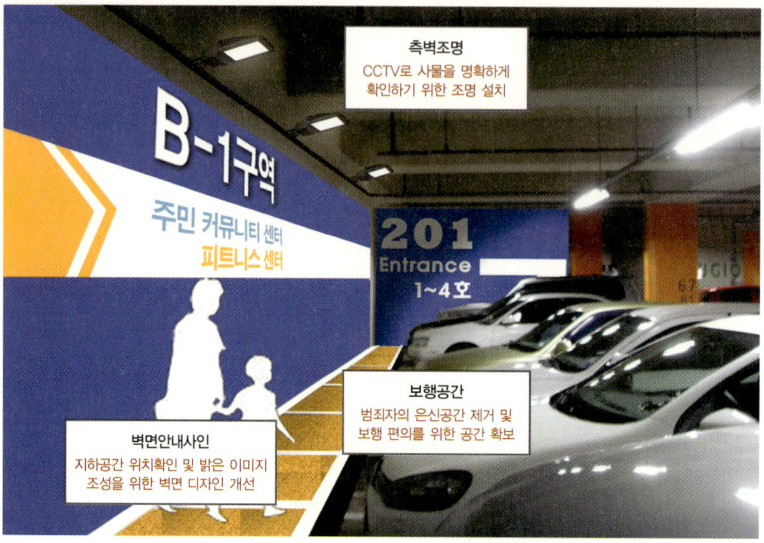

기존 지하주차장

개선된 지하주차장

CPTED 원리						범죄문제		
자연감시	접근 통제	영역성 강화	명료성 강화	활용성 증대	유지관리	대인범죄	대물범죄	불안감

CPTED REVIEW

아파트단지에서 가장 많은 범죄가 발생하고 불안감이 높은 공간인 지하주차장에서의 범죄예방디자인 적용은 매우 중요하다.

최근 준공되는 아파트단지의 지하공간은 건설사의 특성을 반영한 픽토그램이나 슈퍼그래픽이 안내사인과 적절히 조화되어 위치 인식이나 방향확인에 도움이 되고 있다.

그러나 벽면에 인접해서 구획된 주차공간은 잠재적 범죄자의 은신공간이 될 수 있으며 주민들의 불안감을 유발할 수 있다. 따라서 위 사례와 같이 벽면과 이격해서 보행로를 확보하고 측벽조명과 안내사인을 설치하면 범죄예방 효과를 기대할 수 있다

개방적 구조의 주차장 출입구

주변 시야 확보가 용이한 주차장

KEY POINT | 명료한 비상벨, 경고방송 송출용 스피커

기존 지하 비상벨

개선된 지하 비상벨

CPTED 원리						범죄문제		
자연감시	접근 통제	영역성 강화	명료성 강화	활용성 증대	유지관리	대인범죄	대물범죄	불안감

인식이 어려운 비상벨

CPTED REVIEW

비상벨은 법적인 조건에 따라 20m 내외의 간격으로 설치하고 있지만 일반적으로 기둥에 비상벨과 작은 안내표지판이 부착되는 것이 현실이다.

지하주차장에서의 비상벨은 긴급 상황시 유용하게 사용될 수 있기 때문에 쉽게 인식할 수 있도록 위 사례와 같이 시인성 높게 디자인하고, 경고방송이 송출되는 스피커를 함께 설치하는 것이 바람직하다.

6 지하공간

지하공간 주동출입구

문제점 규명

PROBLEM DEFINE

지하공간에서 주동으로 바로 연결되는 출입구는 지하주차장의 특성이 반영되어 불안감이 높고 각종 범죄발생 위험도 높은 장소이다.

지하공간 주동출입구 계획에서 중요한 것은 외부인 접근통제와 함께 주변 공간과의 시선연결인데, 복잡한 구조로 인해 자연감시가 어려운 문제가 있다.

따라서 지하주차장에서 주차 후 안전하게 주동출입구로 이동할 수 있도록 해당 경로에 밝은 이미지 조성을 위한 조명설치, 벽면 도색과 슈퍼그래픽, CCTV와 비상벨 설치, 주동출입구와 엘리베이터 대기공간의 적절한 면적 확보 등 다양한 범죄예방디자인 전략이 필요하다.

STRATEGY
DESIGN CONCEPT

Surveillance

Access Control

Territoriality

Activity Support

전략 설정

- 지하공간 주동출입구 주변의 전반적인 자연감시를 강화시키기 위한 공간계획과 시설물 설치, 기타 환경 디자인
- 지하공간 주동출입구의 영역성 강화를 위한 환경 디자인
- 위치 확인과 방향 인식을 위한 공간 배치와 시설물 디자인
- 주동출입구의 공간 활용성 증대를 위한 시설물 디자인

CPTED
GUIDELINE

범죄예방디자인 지침

- 지하공간 주동출입구의 자연감시를 강화시키기 위해 구조적으로 문제가 되지 않는 범위에서 진입(통과) 공간을 확장시킨다.
- 주동출입구의 인지성을 높이기 위해 캐노피를 설치하거나 주동번호를 부착한다.
- 긴급 상황시 이용 가능한 비상벨을 명료하게 설치한다.
- 주동출입구의 영역성을 위해 적절한 공간(전이공간)을 확보하고 주차장 바닥면과 차별화된 색채 디자인과 벽면을 활용한 갤러리와 같은 환경디자인을 반영한다.

범죄예방디자인 적용방안

KEY POINT | 확장형 로비, 주동인식 사인, 조명, 안내시설

기존 지하 주동출입구 1

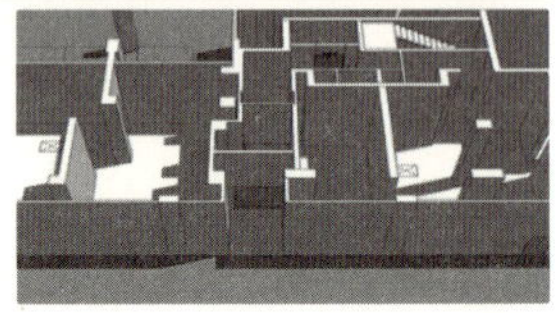

개선된 지하 주동출입구 1

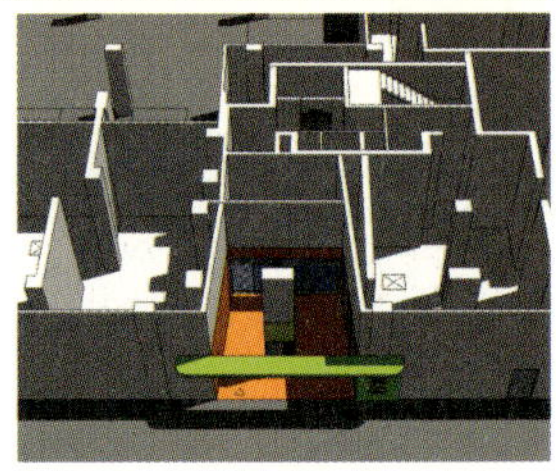

CPTED 원리						범죄문제		
자연감시	접근 통제	영역성 강화	명료성 강화	활용성 증대	유지관리	대인범죄	대물범죄	불안감

CPTED REVIEW

제시된 지하공간 주동출입구 디자인은 대림 코퍼레이션 리빙 디자인 연구소와 고려대학교 건축학과가 공동으로 수행한 연구의 결과물이다.

지하공간 주동출입구는 전면 출입형, 후면 출입형, 내부 통과 출입형, 외부 통과 출입형 등으로 구분할 수 있는데, 기존에 형성된 폐쇄적인 이미지를 개선하고 영역성과 활용성이 높은 공간을 개선함으로써 불안감과 범죄피해를 저감시키고자 디자인된 사례이다.

기본적으로 좁은 출입구 주변의 가벽들을 제거하여 전이공간을 확보하고 캐노피와 조명을 설치해 밝은 확장형 로비를 계획하고 주동인식을 쉽게 할 수 있도록 사인도 명료하게 부착하였다.

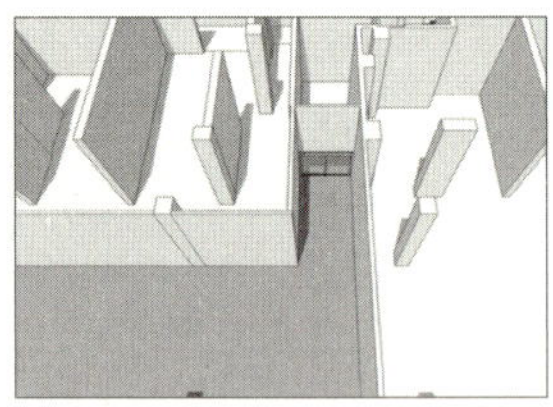

기존 주동출입구

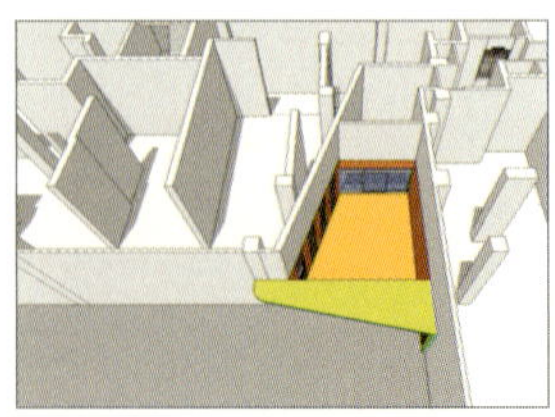

확장형으로 개선된 주동출입구

KEY POINT | 확장형 로비, 주동인식 사인, 조명, 안내시설, 비상벨, 개방형 보행공간

기존 지하 주동출입구 2

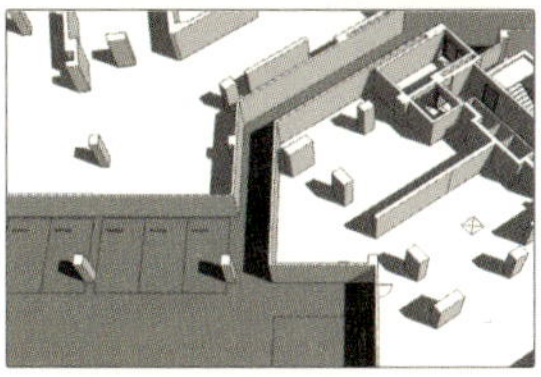

개선된 지하 주동출입구 2

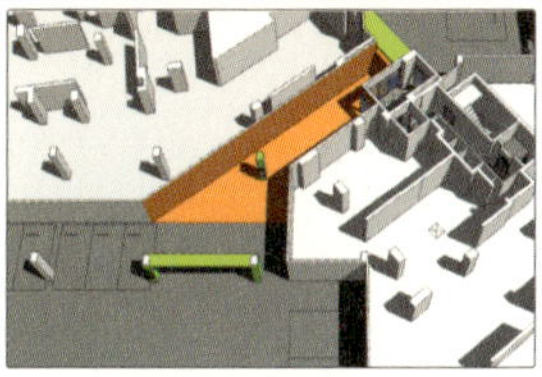

기존 지하 주동출입구 3

개선된 지하 주동출입구 3

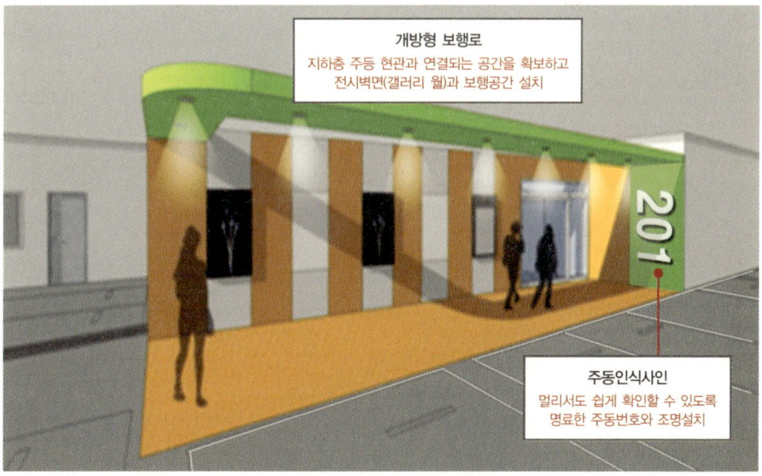

CPTED 원리						범죄문제		
자연감시	접근 통제	영역성 강화	명료성 강화	활용성 증대	유지관리	대인범죄	대물범죄	불안감

개방적 구조의 보행공간

CPTED REVIEW

주차 후 주동출입구로 이동하는 보행로가 확보되지 않으면 주차된 차량 사이로 이동하거나 차량이 다니는 공간으로 이동하게 되는데, 위 사례와 같이 공간의 영역성과 활용성 증대를 위해 갤러리 월(전시벽면)을 조성함으로써 이미지를 밝게 하고 불안감을 저감시킬 수 있다.

7 주동출입구

우편함 택배함

문제점 규명

PROBLEM DEFINE

아파트단지에서의 주동출입구는 실질적인 외부인 출입통제와 범죄예방을 위해 중요한 공간이다.

주동출입구는 우편물과 택배, 기타 배달물로 인해 외부인 출입통제가 어렵고, 특히 우편함의 부적절한 위치 선정으로 인해 자동문 열림이 자주 발생하며, 이를 악용한 범죄들이 발생하고 있다.

외부인의 출입통제를 근본적으로 차단하면서도 주민들이 우편물과 택배 등 배달물을 안전하게 받을 수 있는 시스템 구축과 개선이 필요하다.

STRATEGY
DESIGN CONCEPT

Surveillance

Access Control

Territoriality

전략 설정

외부인이 주동을 출입하지 않고서도 우편물과 택배, 기타 배달물을 입주자들에게 전달할 수 있는 주동출입구 디자인

주동출입구를 이동하는 주민동선에 따라 자동문 열림 장치가 반응하지 않기 위한 효율적인 위치 선정

- 일반형 주동과 필로티형 주동에 적합한 디자인
- 일반형 주동 : 출입구 전면공간 활용
- 필로티형 주동 : 필로티 측면공간 및 전이공간 활용

CPTED
GUIDELINE

범죄예방디자인 지침

- 주동출입구 주변의 영역성 강화를 위해 우편함과 택배함의 적절한 위치 선정과 통합 디자인을 적용한다.
- 불필요한 외부인 출입통제를 위한 양방향 우편함이나 무인 택배함을 설치한다.
- 주동출입구 내부에서 우편물이나 택배를 수취할 경우 센서가 인식하여 출입문이 열리지 않도록 적절한 이격거리를 확보한다.
- 주동출입구 외부에 설치되는 자전거 거치대의 자연감시를 위해 측벽에 창문을 설치한다.

범죄예방디자인 적용방안

CPTED SOLUTION

KEY POINT | 양방향 우편함과 택배 보관함, 자전거 거치대 감시용 창문, 알림판, 출입구 내부 적절한 이격공간

개선된 주동 출입구 - 1

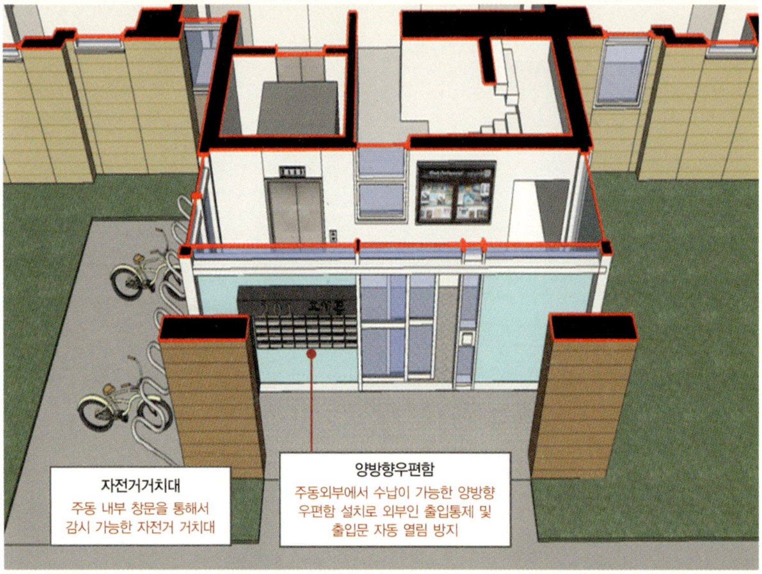

주동 출입구 외부

주동출입구 내부

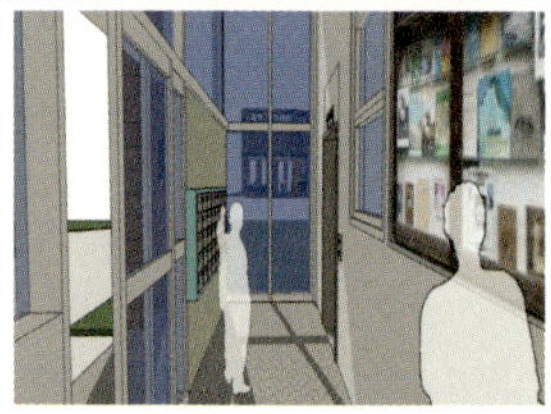

CPTED 원리						범죄문제		
자연감시	접근 통제	영역성 강화	명료성 강화	활용성 증대	유지관리	대인범죄	대물범죄	불안감

개선된 주동 출입구 - 2

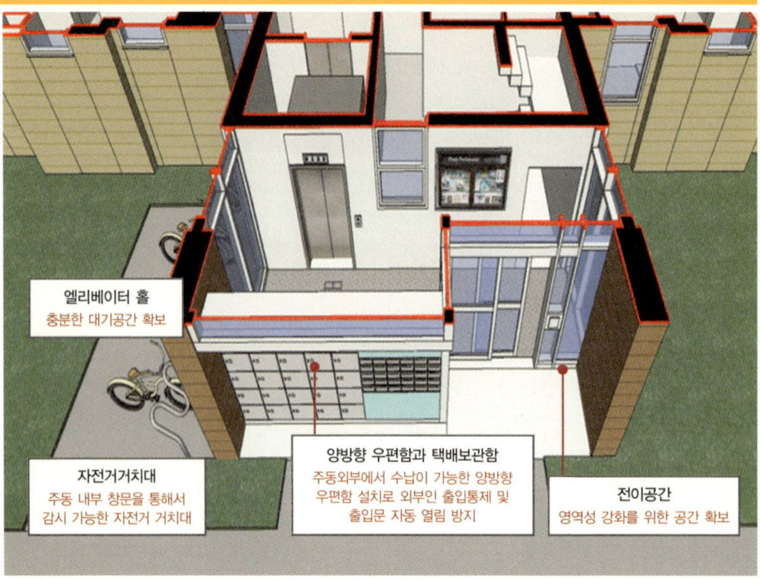

주동출입구 외부

주동출입구 내부

KEY POINT | 양방향 우편함과 택배 보관함, 자전거 거치대 감시용 창문, 알림판, 출입구 내부 적절한 이격공간

기존 주동출입구

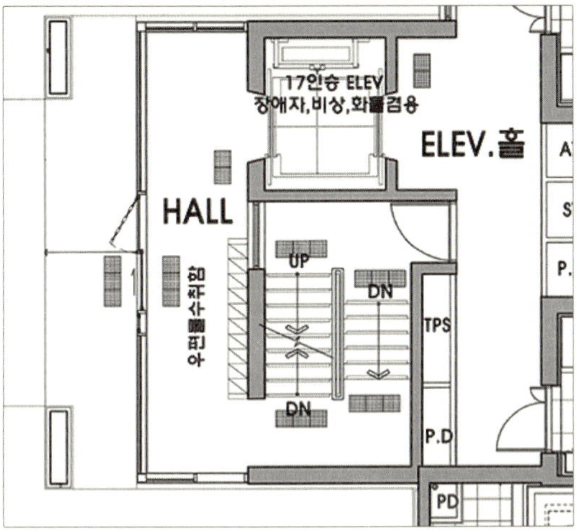

개선된 주동출입구

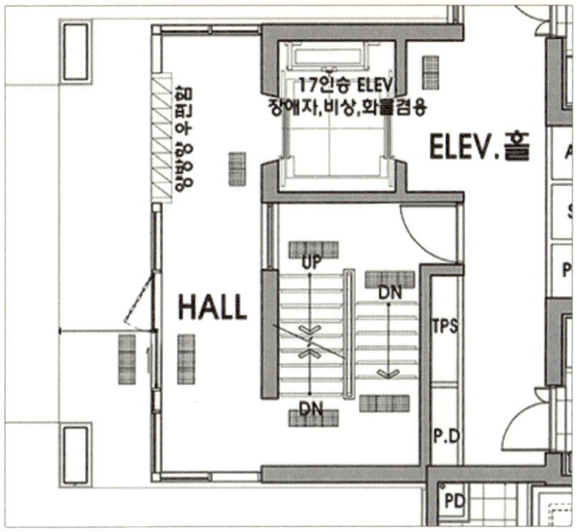

CPTED 원리						범죄문제		
자연감시	접근 통제	영역성 강화	명료성 강화	활용성 증대	유지관리	대인범죄	대물범죄	불안감

양방향 우편함 내부

양방향 우편함 외부

CPTED REVIEW

여기서 제시된 지하공간 주동출입구 디자인은 대림 코퍼레이션 리빙 디자인 연구소와 고려대학교 건축학과가 공동으로 수행한 연구의 결과물이다.

기존 주동출입구의 경우 우편물 수취함이 주동출입구 내부에 있어 외부인의 출입통제가 어렵고, 특히 우편물 수취함과 출입문이 인접해 있어 출입문이 자주 열리는 문제가 발생하기 때문에 양방향 우편함과 택배 보관함을 설치할 경우 주동출입구 내부에 적절한 면적 확보가 중요하다.

위 사례와 같이 주동출입구 외부에서 우편물과 택배를 투입하면 외부인이 주동 내부로 들어올 가능성이 사전에 차단되기 때문에 자연스러운 출입통제와 함께 배달물 도난과 같은 범죄의 예방효과도 기대할 수 있다.

또한 주동 내부에 자전거 거치대 등을 설치할 공간이 부족한 경우 엘리베이터 대기공간에 인접한 벽면에 창문을 설치하고 외부에 자전거 거치대를 배치하면 자전거 도난 예방도 가능하게 된다.

8 주동출입구

필로티공간

문제점 규명

PROBLEM DEFINE

필로티구조는 공동주택 저층부 생활환경 개선과 주동 주변의 동선 및 시선 연결을 위해 선택되고 있다. 그러나 필로티가 미로와 같이 복잡한 구조로 계획될 경우 주동출입구에 대한 인식이 어려운 문제가 있다.

또한 필로티의 활용방안이 충분치 않은 경우 버려진 공간으로 방치될 수 있으며, 주변과 시야가 차단된 은폐공간을 형성함에 따라 범죄위험이나 불안감이 증가할 수 있다. 따라서 공간적 특수성과 범죄문제의 특성을 고려하여 주민 사용성(요구도)이 높은 환경디자인 적용이 필요하다.

STRATEGY
DESIGN CONCEPT

Surveillance

Access Control

Territoriality

Legibility

Activity Support

전략 설정

- 주동 하부 자연감시를 강화시키기 위한 부분적인 필로티구조 개선이나 보행동선체계 개선
- 주동출입구 내외부에 적용되는 디자인 요소를 응용한 양방향 우편함이나 택배함 설치
- 통행공간, 생활편의공간, 주동출입 전이공간 등 영역적으로 차별화된 환경 개선
- 필로티구조의 특성을 활용하여 주동출입구를 쉽게 인지할 수 있는 디자인
- 주민들의 활동을 유도할 수 있는 필로티 하부의 적극적인 공간 활용

CPTED
GUIDELINE

범죄예방디자인 지침

- 주변과의 시선연결을 강화시킬 수 있도록 구조적으로 문제가 없는 가벽은 제거하고 보행동선을 필로티와 연계시킨다.
- 불필요한 외부인 출입통제를 위한 양방향 우편함이나 무인 택배함을 설치한다.
- 영역성과 활용성 강화를 위해 필로티 주변의 통행공간, 생활편의공간, 주동출입공간의 디자인을 차별화시킨다.
- 자전거 거치대는 자연감시와 유지관리의 용이성 등을 고려하여 계획한다.

범죄예방디자인 적용방안

CPTED SOLUTION

KEY POINT | 양방향 우편함과 택배 보관함, 커뮤니티 로비, 확장된 보행공간

개선된 필로티 공간 - 1

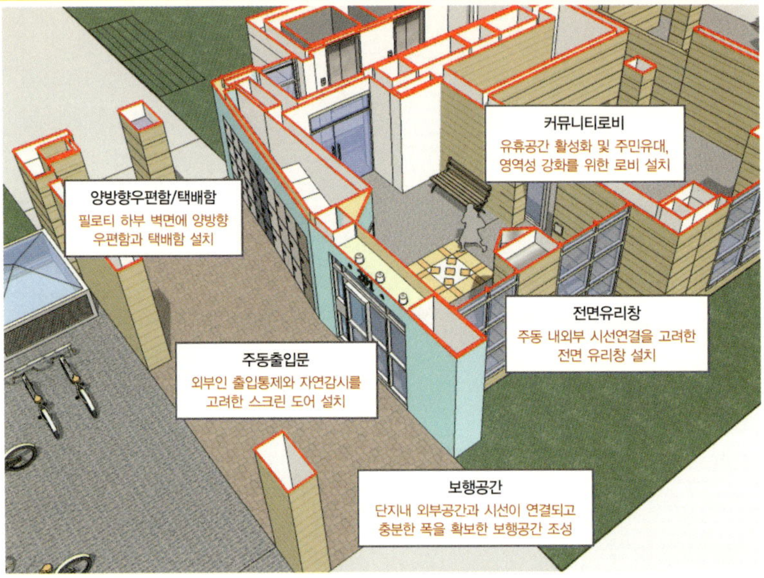

기존 필로티 공간

개선된 필로티 공간

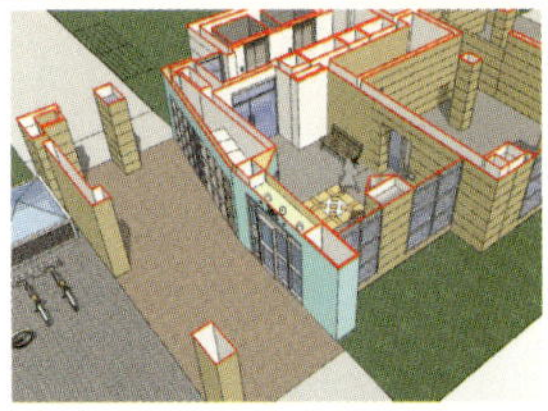

CPTED 원리						범죄문제		
자연감시	접근 통제	영역성 강화	명료성 강화	활용성 증대	유지관리	대인범죄	대물범죄	불안감

개선된 필로티 공간 - 2

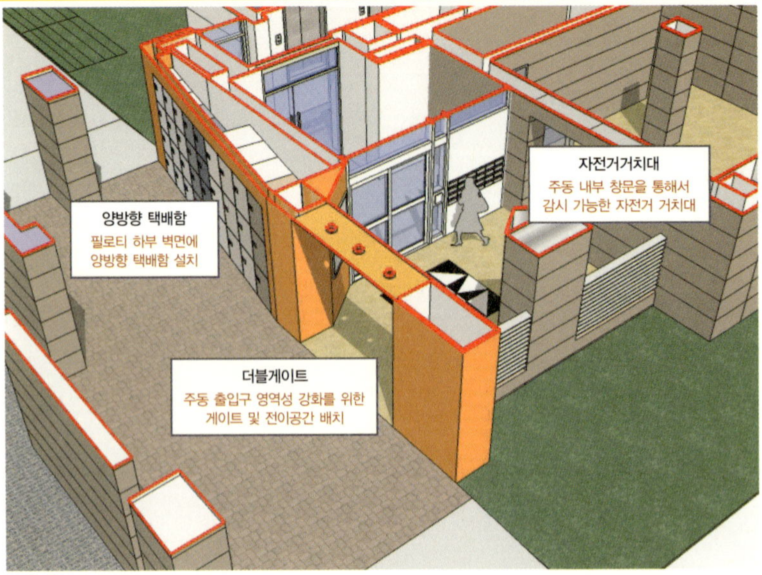

활용성이 낮은 필로티 공간

활용성이 높은 필로티 공간

KEY POINT | 자전거 거치대, 지하 주차장과 연계된 천장, 주민 커뮤니티 공간

필로티 공간의 활용 - 1 (자전거 거치대, 천창)

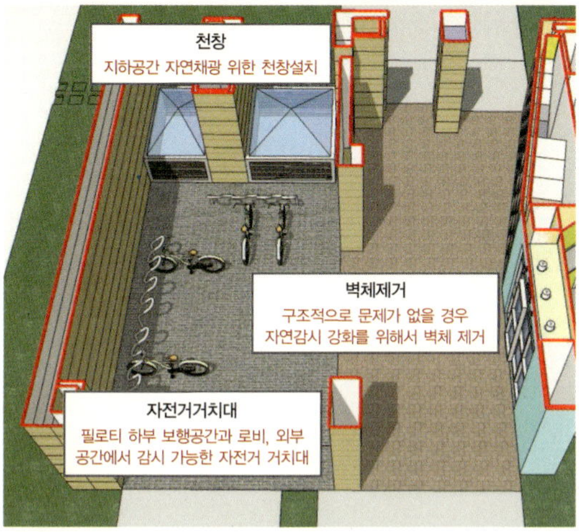

필로티 공간의 활용 - 2 (주민 커뮤니티 공간)

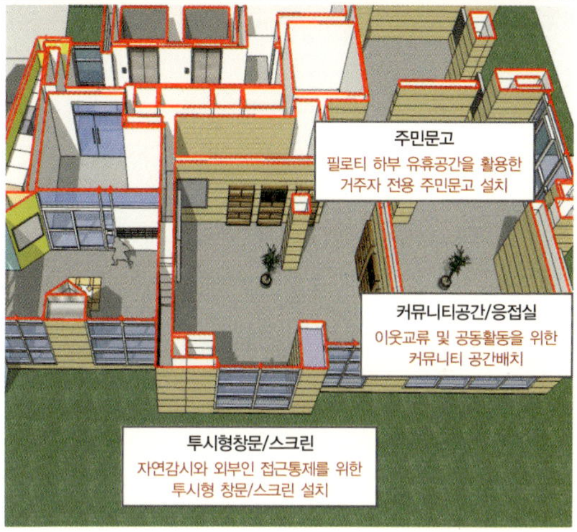

CPTED 원리						범죄문제		
자연감시	접근 통제	영역성 강화	명료성 강화	활용성 증대	유지관리	대인범죄	대물범죄	불안감

CPTED REVIEW

여기서 제시된 필로티 출입구 디자인은 대림 코퍼레이션 리빙 디자인 연구소와 고려대학교 건축학과가 공동으로 수행한 연구의 결과물이다.

필로티의 장점을 부각시키기 위해서는 기본적으로 필로티 하부공간을 보행동선과 연결시키고 벽면을 활용하여 양방향 우편함이나 택배보관함을 설치하거나 커뮤니티 증진을 위한 로비 및 게이트를 설치하는 것이 중요하다.

단, 현재 제시된 필로티 사례는 구조적으로 문제가 없는 기둥이나 벽체를 제거한다는 전제가 필요하다.

필로티 공간 활용에 대해서는 법적인 조건을 검토할 필요가 있는데 방치되어 활용되지 않는 것보다는 주민의 의견수렴을 통해서 공간을 활성화시키고 이웃교류를 증진시킬 수 있는 디자인 적용이 범죄예방에 중요하다.

9 주동 외부

외부배관

문제점 규명

PROBLEM DEFINE

건물 외벽에(특히 건물간 이격공간의 외벽) 노출된 배관은 범죄자의 건물 침입을 위한 도구로 활용되는 빈도가 매우 높다.

특히 저층세대의 외벽 창문에 방범창이 설치되고 있지만, 제품에 따라 방범 성능에 차이가 있어 범죄예방에는 한계가 있다.

따라서 미관과 침입범죄예방 효과를 충족시킬 수 있는 건물 외벽디자인이 필요하다.

STRATEGY
DESIGN CONCEPT

Surveillance

Management &
Maintenance

전략 설정

- 외벽에 노출된 배관이나 구조적 요철을 통해 건물 내부로 침입할 수 없는 디자인
- 가시형 덮개와 벽면 매립 등 접근 통제를 위한 디자인이 폐쇄적이거나 부정적인 이미지를 제공하지 않으면서 유지관리에 용이한 디자인

CPTED
GUIDELINE

범죄예방디자인 지침

- 침입범죄예방을 위해 배관은 실내공간에서 연결시키거나 벽면에 요철을 만들어 매립시킨다.
- 벽면 매립이 어려운 외벽 배관에는 손으로 잡을 수 없는 시설물을 부착하거나 덮개를 씌운다.
- 벽면 매립이나 잡을 수 없는 시설물 부착이 어려운 환경에서는 외부 창문이나 발코니와 충분히 이격시켜 배관을 설치한다.
- 저층세대 외벽이나 주변공간에는 침입을 위한 도구가 될 수 있는 시설물이나 요철이 생기지 않도록 디자인한다.

범죄예방디자인 적용방안

KEY POINT | 외벽배관 매립

기존 외벽배관

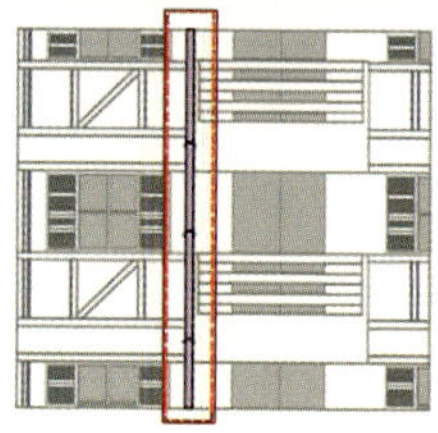

개선된 외벽배관

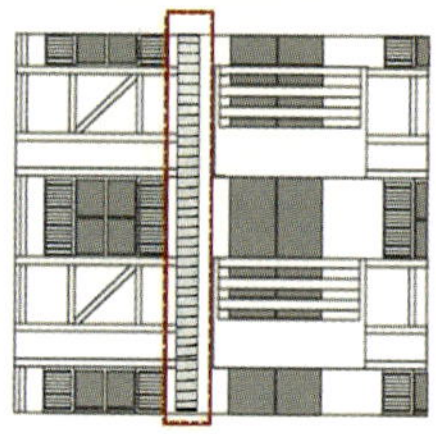

CPTED 원리						범죄문제		
자연감시	접근 통제	영역성 강화	명료성 강화	활용성 증대	유지관리	대인범죄	대물범죄	불안감

CPTED REVIEW

아파트단지에서 범죄자의 침입도구로 가장 많이 이용되는 것 중의 하나가 외벽에 노출되어 있는 배관이다.

배관을 이용한 침입범죄예방을 위해서는 매립시키거나 덮개를 씌우고 창문에서 이격시키는 방법이 필요한데, 외벽배관은 범죄예방과 함께 주동 입면의 미관적 측면을 함께 고려하는 것이 중요하다.

한편, 민간경비업체에서 제공되는 보안시스템의 일환으로 저층세대에 적외선 탐지기가 설치되기도 하는데, 날씨 등의 영향을 받아서 오작동을 하는 경우도 발생하기 때문에 이러한 문제점을 인식하고 적절한 제품을 선택해서 사용하는 것이 필요하다.

KEY POINT | 외벽배관 덮개부착

저층부 배관에 덮개 설치

배관을 잡을 수 없도록 모서리 부분에 덮개와 함께 설치

CPTED 원리						범죄문제		
자연감시	접근 통제	영역성 강화	명료성 강화	활용성 증대	유지관리	대인범죄	대물범죄	불안감

CPTED REVIEW

위 사례에서는 저층부 벽면에 홈을 만들어 배관을 매립하였고, 상부에는 손으로 잡을 수 없는 덮개를 씌워서 범죄자의 접근을 통제한 사례이다.

가시형 덮개보다 시각적인 거부감이 덜하며 기존 벽면 색채와 유사한 색채를 적용함으로써 주변과의 조화도 함께 고려한 사례라 할 수 있다.

저층부 디딤대를 제거하고 배관을 발코니에 매립

10 주동 내부

단위세대 공용공간

문제점 규명

PROBLEM DEFINE

주동 내부는 단위세대, 복도 및 계단, 옥상과 지하층 등으로 구성되는데, 옥상과 지하층은 주민들의 범죄 불안감이 높은 공간으로 지적되고 있다.

한편, 단위세대는 침입범죄 예방을 위한 마지막 제3방어선으로서 현관문과 외기에 면한 거실 및 서비스 공간, 침실의 창문에 대한 강화된 접근 통제 전략이 주로 반영된다.

아파트단지에서는 배관을 타고 창문을 통해 침입하거나 저층세대 거실창을 통해 침입하는 경우, 그리고 현관문의 시건장치를 무력화시켜 침입하는 범죄에 대비하여 방범창, 적외선 탐지기, 2중 시건장치 부착 등이 기본적인 범죄예방 기법으로 적용되고 있다.

STRATEGY
DESIGN CONCEPT

Surveillance

Access Control

Activity Support

전략 설정

- 주동 내부 공용공간의 자연감시를 증대시키는 디자인
- 단위세대 출입문으로 침입하는 범죄예방을 위한 디자인
- 저층세대 주변공간 활성화를 통해서 영역성을 강화하고 주변을 자연스럽게 감시할 수 있는 디자인

CPTED
GUIDELINE

범죄예방디자인 지침

- 계단실은 전면 투시형 창문을 설치하고, 옥상층의 경우 채광과 시선연결을 위한 창문을 설치한다.
- 단위세대 출입문에는 우유투입구를 제거하고, 디지털 도어락 외에 2중 시건장치(도어체인 등)를 설치한다.
- 입지조건, 입주자 특성 등을 종합적으로 고려하여 가능한 경우 저층세대를 특화시켜 공간활성화를 유도한다.

범죄예방디자인 적용방안

CPTED SOLUTION

KEY POINT | 출입문 보안시설, 저층세대 평면 특화

보안이 강화된 단위세대 출입문

공간 활성화를 고려해 특화된 저층세대

CPTED 원리						범죄문제		
자연감시	접근 통제	영역성 강화	명료성 강화	활용성 증대	유지관리	대인범죄	대물범죄	불안감

CPTED REVIEW

여기서 제시된 필로티 단위세대 디자인은 현대건설과 고려대학교 건축학과가 공동으로 수행한 연구의 결과물이다.

현관문은 다양한 보안설비가 반영될 수 있는데, 기본적으로 전기충격에 견딜 수 있는 제품을 사용하며 신문이나 우유 등 배달물 투입구를 제거함으로써 도구를 이용한 침입범죄를 예방한다. 그리고 힌지가 외부로 노출될 경우 범죄자가 훼손시켜 침입범죄를 시도할 수 있기 때문에 힌지를 현관문 내부에 달거나 측면에 매립형으로 설치하는 것도 고려할 수 있다.

한편, 저층세대 분양과 공간 활성화를 모두 고려하여 위와 같이 특화된 평면을 계획함으로써 저층세대 거주자의 심리적 불안감과 침입범죄예방에 일정 부분 효과를 기대할 수 있다.

힌지가 매립된 출입문

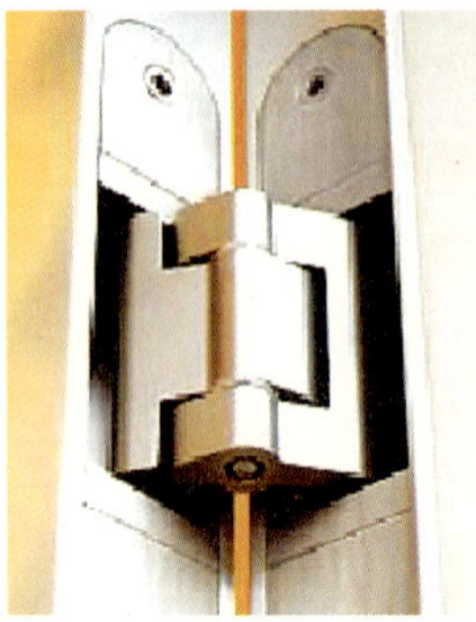

출입문의 매립형 힌지

KEY POINT | 옥상층 자연감시 및 공간활성화, 계단실 자연감시

자연감시를 고려한 옥상층 디자인

자연감시를 고려한 계단실 디자인

CPTED 원리						범죄문제		
자연감시	접근 통제	영역성 강화	명료성 강화	활용성 증대	유지관리	대인범죄	대물범죄	불안감

옥상층 활성화를 위한 정원

옥상층 활성화를 위한 휴게시설

전면 채광창이 설치된 계단실

CPTED REVIEW

옥상층은 대부분 개방되지 않기 때문에 폐쇄형 구조의 방화문이 설치되어 있으며, 자전거를 비롯해 주민들이 사용하지 않는 물건들이 방치된 경우가 많은데, 이러한 환경은 불안감을 가중시키며 대인범죄 발생의 위험이 높은 문제가 있다. 따라서 옥상층을 주민 커뮤니티공간으로 조성하거나 벽면과 출입문에 자연감시가 가능한 디자인을 반영하는 것을 고려할 필요가 있다.

계단실의 경우 채광창이 설치되어 있지만, 복도 및 계단실의 채광과 함께 외부공간의 감시 가능성을 고려하여 전면 채광창을 설치하는 것이 필요하다.

? 환경특성, 적용전략, 설계지침

일반주거지

환경특성

수많은 범죄가 골목길로 이루어진 생활환경에서 발생하고 있는데, 대검찰청 범죄통계에 따르면 13세 미만 아동들의 유괴납치 및 성폭력 장소는 주거지와 골목길이 가장 많았고, 한국형사정책연구원에서 발표된 보고서에서도 강·절도는 동네 골목길과 술집 및 유흥가, 대로변이나 근린공원 등에서 많이 발생하는 것으로 나타났다.

이와 같이 서민들이 많이 거주하고 있는 일반주거지역의 범죄를 예방하기 위한 다양한 대책이 논의되고 있지만 여러 한계로 인해서 어려움을 겪고 있다.

그 원인 중 하나는 아파트단지와 달리 일반주거지역은 영역범위가 불분명하고 각종 기반시설의 설치 및 운영관리를 상당 부분 행정기관에 의존해야 하기 때문에 범죄문제에 취약한 구조적 특성을 내포하고 있기 때문이다.

- 마을 진입부 : 불분명한 영역경계 및 영역시설
- 가로공간 : 좁고 복잡한 보행로, 부족한 주차공간
- 공용공간 : 방치된 폐공가, 관리되지 않거나 이용되지 않고 있는 시설
- 단위건물 : 사각지대를 형성하는 공간구성, 미흡한 방범시설, 노후된 건물
- 기반시설 : 부족한 **CCTV**와 보안등, 각종 보안시설

이와 같이 구조적으로 범죄에 취약한 일반주거지역에서의 범죄문제는 이웃 교류나 지역 활성화에도 영향을 주기 때문에 범죄예방과 함께 커뮤니티를 증진시킬 수 있는 범죄예방디자인 전략이 요구된다.

11 마을 진입부

골목길 진입부 영역시설

문제점 규명

PROBLEM DEFINE

일반주거지역은 수많은 골목길을 중심으로 주택들이 밀집되어 있는데, 영역범위가 불분명하기 때문에 환경의 관리주체가 모호한 문제가 있다.

마을이 시작되는 진입부는 해당 지역에 대한 이미지를 형성하는 중요한 거점공간이 될 수 있는데, 영역성을 부여할 수 있는 시설이나 환경이 조성되지 않는다면 주민들의 범죄 불안감을 유발하면서도 잠재적 범죄자는 심리적으로 위축되지 않을 수 있다.

따라서 마을 진입부의 공간과 시설들을 적극적으로 활용하여 영역성을 부여하고 안정적인 이미지를 제공할 수 있는 환경 디자인 적용이 필요하다.

STRATEGY
DESIGN CONCEPT

Surveillance

Access **C**ontrol

Territoriality

Legibility

전략 설정

- 주야간 골목길 전방과 주변 시야를 확보하기 위한 시설물 정비와 디자인
- 범죄자의 접근을 통제하고 주변을 감시할 수 있는 방범시설 설치
- 마을의 영역성을 강화시키고 주민들의 관심을 유도할 수 있는 시설물 설치와 환경 디자인
- 위치 확인과 방향 인식을 위한 공간 배치와 시설물 디자인

CPTED
GUIDELINE

범죄예방디자인 지침

- 마을 진입부에서 연결되는 골목길의 자연감시를 위해서 시선연결을 방해하는 시설물을 제거하거나 정비한다.
- 마을 진입부에는 가로등과 방범용 CCTV를 설치한다.
- 영역성을 강화시킬 수 있도록 마을 진입부의 유휴공간이나 기존 건물의 벽면을 활용하여 상징적인 게이트나 안내시설 등을 설치한다.
- 영역성 강화를 위한 시설물 설치와 함께 주변 바닥포장도 정비한다.
- 영역 시설물에는 위치 확인을 위한 안내사인이나 긴급시 사용할 수 있는 비상벨 등을 명료하게 설치한다.

범죄예방디자인 적용방안

CPTED SOLUTION

KEY POINT | 골목길 영역시설, 바닥포장, 간이화단

기존 골목길 진입부

개선된 골목길 진입부

CPTED 원리						범죄문제		
자연감시	접근 통제	영역성 강화	명료성 강화	활용성 증대	유지관리	대인범죄	대물범죄	불안감

CPTED REVIEW

전통민가에서 마을 진입부에 장승이나 솟대 등을 설치하여 영역성을 부여한 것과 마찬가지로 현대사회의 주거지역에서도 영역적 범위를 명확히 하고 환경에 대한 유지관리의 책임의식을 고취시키는 시설이 필요하다.

위 사례에서는 마을에 대한 안전한 이미지를 형성하고 각 골목길에 대한 정보를 제공할 수 있도록 골목길 진입부 벽면을 활용하여 마을의 명칭(또는 특정 BI)과 현재 위치를 알려주는 번호 및 마을안전지도를 설치하고, 주변에는 비상벨과 CCTV, 보안등이 일체형으로 부착된 폴(pole)을 설치한 것으로 범죄예방과 함께 주민편의를 도모하는 효과를 기대할 수 있다.

마을 입구의 장승

마을 입구의 솟대

KEY POINT | 골목길 영역시설, 방범시설, 안내시설

기존 골목길 진입부

개선된 골목길 진입부

CPTED 원리						범죄문제		
자연감시	접근 통제	영역성 강화	명료성 강화	활용성 증대	유지관리	대인범죄	대물범죄	불안감

CPTED REVIEW

영역성 강화를 위해서 골목길 진입부에 설치된 마을 게시판

영역성 강화를 위해서 골목길 입구에 설치된 커뮤니티시설

담장이나 건물의 벽면은 활용 가능한 면적과 적용할 수 있는 디자인 요소가 많은 특징이 있다.

다만, 지나치게 색채 위주로 디자인할 경우 정보의 가독성이 떨어지며 유지관리에도 어려움이 있으므로 신중을 기해야 한다. 또한 벽면에 너무 많은 시설물을 부착하지 않는 것도 중요하다.

왼쪽의 사례와 같이 마을 정보를 제공하는 게시판이나 커뮤니티시설을 설치하는 것은 영역성을 강화시키며 커뮤니티를 증진시키는 데 도움이 될 수 있다.

12 단위주택

담장

문제점 규명

PROBLEM DEFINE

주로 단독주택에 설치된 담장은 외부인 접근 통제와 주변과의 영역 구분을 위해 필요하지만, 범죄자 입장에서는 담장을 넘어 주택으로 침입하게 되면 범죄 행위가 외부에 노출되지 않아 자유로워지는 문제가 있다.

또한 주택가 담장은 좁은 골목길의 폐쇄적인 이미지를 강화시키며 공간을 활용할 수 있는 여지가 적고, 주 · 정차된 차량은 주택침입을 위한 도구로 사용되거나 전방시야를 방해하는 요소로 작용할 수 있다.

따라서 공간의 활용 가능성, 주변의 감시 가능성 등을 종합적으로 고려하여 주택 담장에 대한 개선이 필요하다.

STRATEGY
DESIGN CONCEPT

Surveillance

Territoriality

Activity **S**upport

전략 설정

- 주택 주변 환경의 자연감시를 위한 담장과 시설물 디자인
- 주택의 영역성과 명료성을 강화시킬 수 있는 디자인
- 골목길을 활성화시키고 부족한 주차공간을 확보할 수 있는 공간배치와 시설물 디자인

CPTED
GUIDELINE

범죄예방디자인 지침

- 외부인 출입을 통제하고 자연감시를 강화시키기 위해 담장을 투시형으로 설치한다.
- 담장이 제거될 경우 공간 활용성이 높은 지역에서는 주민 동의를 통해서 담장 허물기 사업을 추진한다.
- 우편함을 대체할 수 있는 포스트를 설치하여 경찰의 순찰함 기능을 추가하거나 외부인 침입을 감시하고 통제할 수 있는 CCTV(IP-CCTV)를 부착한다.
- 담장 제거를 통해 확보된 공간은 환경미화를 위한 간이화단이나 부족한 주차공간 확보를 위한 용도로 사용한다.

범죄예방디자인 적용방안

CPTED SOLUTION

KEY POINT | 담장 허물기, 안심포스트, 조경식재

기존 담장

개선된 담장

CPTED 원리						범죄문제		
자연감시	접근 통제	영역성 강화	명료성 강화	활용성 증대	유지관리	대인범죄	대물범죄	불안감

CPTED REVIEW

위에 제시된 담장 허물기 디자인은 서울시 주거참여형 지구단위계획 수립 프로젝트에서 고려대학교와 경상대학교 건축학과가 공동으로 수행한 연구의 결과물이다.

대상지역에는 가벽구조로 담장이 설치된 주택이 많아 골목길에서의 시야확보가 어렵고 불법 주정차 차량으로 인해 보행에 많은 불편이 있었다. 또 한편으로는 담장을 따라서 빈 박스를 활용한 화분을 많이 설치하여 환경미화에 대한 욕구가 높은 특징도 있었다.

이러한 특성을 고려하여 가벽으로 설치된 담장을 허물어 식재공간으로 활용하고 담장 허물기에 동의한 주택에 대해서는 안심포스트를 설치하여 안전한 이미지를 형성할 수 있도록 유도하였다.

화단과 주차장 조성

전이공간을 활용한 화단조성

KEY POINT | 담장 허물기, 안심포스트, 조경식재

기존 담장

개선된 담장

CPTED 원리						범죄문제		
자연감시	접근 통제	영역성 강화	명료성 강화	활용성 증대	유지관리	대인범죄	대물범죄	불안감

CPTED REVIEW

가벽으로 인해서 시선연결이 방해받는 건물 주변

가벽 디자인 개선으로 건물 주변의 시야 확보

위에 제시된 담장 허물기 디자인은 경기도 지원으로 고려대학교와 경상대학교 건축학과가 공동으로 수행한 범죄예방디자인 연구의 결과물이다.

대상지역에는 담장이 설치된 단독주택이 많지만 주차공간은 부족해서 보행자 이동과 전방 시야 확보에 문제가 있었다. 이러한 특성을 고려하여 담장을 허물어 주차공간으로 활용하고 담장 허물기에 동의한 주택에 대해서는 안심 포스트를 설치하는 계획이 제안되었다.

한편, 왼쪽의 사례는 필로티 하부에 설치된 가벽을 투시형 구조로 개선한 것인데, 필로티가 형성하는 부정적인 인식을 제고시키고 자연감시를 강화시키면서도 영역성을 부여할 수 있도록 담장을 개선함으로써 범죄예방 효과를 기대할 수 있다.

13 단위주택

건물 사이 측벽 공간

문제점 규명

PROBLEM DEFINE

건물 사이 측벽 공간은 주변에서 잘 보이지 않기 때문에 범죄자의 건물 침입을 위한 경로로 활용되고 있다.

밀집된 주택의 측벽 공간은 대부분 환기를 위한 창문이나 가스배관이 설치되어 있기 때문에 범죄자가 건물로 침입하거나, 막혀 있는 환경적 조건으로 인해서 불량 청소년들의 일탈행위 장소로 변질될 우려가 있다.

또한 외벽 창문에 방범창이 설치되어 있지만, 제품에 따라 방범성능에 차이가 있어 범죄예방에 한계가 있다.

따라서 건물 사이 측벽 공간으로 외부인이 침입하는 것을 막기 위한 시설물 디자인이 필요하다.

STRATEGY
DESIGN CONCEPT

Surveillance

Access Control

전략 설정

- 건물 사이 측벽 공간에서 발생하는 일탈행위를 확인하기 위한 디자인
- 건물 사이 측벽 공간으로 외부인이 들어오는 것을 방지하기 시설물 디자인

CPTED
GUIDELINE

범죄예방디자인 지침

- 야간의 안전과 감시를 위해 건물 사이 측벽 공간에 보안등을 설치한다. 단, 단위세대에 영향을 주지 않도록 보안등 설치 위치를 적절하게 조절한다.
- 건물 사이 측벽 공간의 자연감시와 접근 통제를 위해서 투시형 출입문을 설치한다.
- 측벽 공간에는 방범창을 설치하고 강화된 보안장치를 설치한다.
- 침입범죄예방을 위해 벽면에 요철을 만들어 배관을 매립시킨다. 벽면 매립이 어려운 외벽 배관에는 가시형 시설물을 부착하거나 덮개를 씌운다.
- 저층세대 외벽이나 주변공간에는 침입을 위한 도구가 될 수 있는 시설물이나 요철이 생기지 않도록 디자인한다.

범죄예방디자인 적용방안

KEY POINT | 투시형 출입문, 보안등, 벽면과 바닥정비

기존 측벽공간

개선된 측벽공간

CPTED 원리						범죄문제		
자연감시	접근 통제	영역성 강화	명료성 강화	활용성 증대	유지관리	대인범죄	대물범죄	불안감

CPTED REVIEW

위에 제시된 주택정비 디자인은 도시재생사업단 지원으로 경상대학교 건축학과에서 수행한 연구의 결과물이다.

위 사례에서 건물과 건물 사이에 형성된 공간은 주민들의 주택 출입경로로 활용되고 있는데, 주변에 환경개선사업이 진행되는 상황에서 건물이 분리되어 남은 벽면이나 정비되지 않은 바닥환경이 대상 주택에 대한 부정적인 인식을 조성하고 범죄발생 가능성을 증가시키고 있다.

이러한 특성을 고려하여 영역성을 강화시키기 위해 벽면을 보수하고 차분한 색채로 도색하며, 바닥은 출입구와 보행로를 구분하여 포장을 정비하였다. 그리고 자연감시와 접근 통제를 위해 건물 사이 공간에는 투시형 출입문을 설치하고 보안등을 설치하였다.

건물 사이 공간 개선 사례

KEY POINT | 외벽배관 덮개 설치

기존 외벽배관

개선된 외벽배관

CPTED 원리						범죄문제		
자연감시	접근 통제	영역성 강화	명료성 강화	활용성 증대	유지관리	대인범죄	대물범죄	불안감

CPTED REVIEW

건물 입면 개선 사례

매립형 배관설치 사례(연합뉴스)

위 사례에서 외벽에 노출된 배관은 침입을 위한 도구로 사용될 가능성이 매우 높다. 특히 가로로 설치된 배관은 디딤판으로 활용되며 세로로 설치된 배관은 타고 오르는 도구로 사용될 수가 있다.

침입범죄예방을 위해서는 왼쪽 사진에서 보는 바와 같이 벽면에 홈을 파서 배관을 매립하고 덮개를 씌워 관리하는 것이 바람직하다. 그러나 대부분의 주택에서 이러한 대책은 비용이 많이 들기 때문에 현실적인 대안으로서 배관에 가시형 덮개를 부착하거나 손으로 잡고 오를 수 없는 기하학적 형태(삼각뿔 또는 이와 유사한 굴곡진 형태)의 덮개를 부착하는 것이 필요하다.

14 단위주택

폐공가

문제점 규명

PROBLEM DEFINE

각종 개발정책이 무산되면서 방치된 주택이나 폐공가 등은 지역에 대한 부정적인 인식을 확산시키고 각종 일탈행위가 발생하는 환경이 될 가능성이 매우 높다.

이러한 폐공가는 일반주거지역에 산재해 있는데, 개발이 재개되거나 환경정비사업이 추진되기 이전까지는 별도의 대책이 필요하지만 토지 및 건물 소유주와 지분정리 등의 문제로 인해 범죄예방디자인 전략이 적용되기 어려운 한계가 있다.

따라서 이러한 폐공가는 단기적, 중장기적 관점에서 범죄를 예방하고 지역을 활성화시킬 수 있는 전략을 적용하는 것이 필요하다.

STRATEGY
DESIGN CONCEPT

Surveillance

Territoriality

Activity **S**upport

전략 설정

• 폐공가에 대한 외부인 접근을 통제하거나 주민들의 경각심을 높일 수 있는 디자인

• 폐공가 주변의 영역성을 강화시킬 수 있는 디자인

• 지역을 활성화시키고 커뮤니티의 거점공간으로 사용될 수 있는 디자인

CPTED
GUIDELINE

범죄예방디자인 지침

• 외부인의 출입을 통제하고 자연감시를 강화시키기 위해서 담장과 조명시설을 설치한다.

• 부적절한 일탈행위 방지를 위해 CCTV나 비상벨, 경광등을 설치한다.

• 범죄자의 일탈행위와 일반인의 경각심을 높이기 위해 적절한 표지판을 설치한다.

• 소유자 동의를 얻어 개발이 가능할 경우 지역 커뮤니티를 활성화시킬 수 있는 환경으로 개선한다.

범죄예방디자인 적용방안

CPTED SOLUTION

KEY POINT | 출입통제 담장, CCTV, 비상벨, 경광등, 조명, 안내표지판, 리모델링

기존 폐공가

개선된 폐공가

CPTED 원리						범죄문제		
자연감시	접근 통제	영역성 강화	명료성 강화	활용성 증대	유지관리	대인범죄	대물범죄	불안감

CPTED REVIEW

여기서 제시된 폐공가 개선 디자인은 서울시 주거참여형 지구단위계획 수립 프로젝트에서 고려대학교와 경상대학교 건축학과가 공동으로 수행한 연구의 결과물이다. 대상지역의 폐공가는 지역 주민들의 불안감을 가중시키고 불량 청소년들의 일탈행위가 자주 발생하는 장소로 지적되고 있었다. 프로젝트 수행 당시 건물 소유주와의 협의가 더디게 진행됨에 따라 단기적인 대안과 중장기적인 대안이 필요하게 되었는데, 주민동의가 있기 전까지 한시적으로 주민 불안감을 저감시키고 일탈행위를 예방할 수 있도록 출입을 통제하는 시설계획이 제안되었다. 한편, 노인거주 비율이 높지만 노인정이나 마을회관 같은 커뮤니티시설이 없어 주민활동이 활성화되지 못하고 있는 점에 착안하여 장기적으로 마을노인회관 계획을 수립하였다.

폐공가의 매입이 가능할 경우 주민의견 수렴을 통해서 필요한 커뮤니티 시설로 리모델링

KEY POINT | 커뮤니티시설(리모델링)

기존 폐공가

개선된 폐공가

CPTED 원리						범죄문제		
자연감시	접근 통제	영역성 강화	명료성 강화	활용성 증대	유지관리	대인범죄	대물범죄	불안감

CPTED REVIEW

출입통제가 곤란한 폐공가 주변

임시로 폐공가 출입을 통제하는 펜스 및 조명시설

위에 제시된 폐공가의 리모델링 역시 커뮤니티시설로 활용할 목적으로 제안된 것으로, 일반주거지역에 택배보관함이 부족한 점에 착안하여 무인 택배보관함을 계획한 것이 특징이다.

이러한 계획안은 폐공가나 이용이 드문 시설을 단순한 커뮤니티시설로 리모델링한 것이 아니라 지역의 물리적, 사회문화적 특성을 분석한 뒤 도출된 결과물이라는 점이 중요하다. 이와 같은 주민요구도가 높은 시설물이 계획될 경우 범죄에 취약했던 환경은 공간 활성화를 통해 자연스럽게 안전한 환경으로 변화될 수 있다.

15 단위공간

유휴공간

문제점 규명

PROBLEM DEFINE

주거지역에는 원래 목적으로 이용되지 않거나 개발 가능성이 있지만 예산 등의 문제로 인해 방치된 공간이나 시설들이 산재해 있는데, 이러한 환경은 주민 불안감을 가중시키고 각종 일탈행위가 발생할 위험이 있다.

특히 일반주거지역은 아파트단지와 달리 운동 및 휴게공간, 주민들이 모일 수 있는 공간 등 커뮤니티를 활성화시킬 수 있는 환경이 열악하기 때문에 공간 이용을 통해서 자연스럽게 범죄예방을 유도하는 것에 한계가 있다.

따라서 방치되어 있거나 원래 목적으로 이용되지 않고 있는 공간 및 시설들을 개선하여 범죄를 예방하고 지역을 활성화시킬 수 있는 전략이 필요하다.

STRATEGY
DESIGN CONCEPT

Serritoriality

Activity Support

전략 설정

- 유휴공간의 영역성을 강화시키고 주민들의 책임하에 관리되고 있음을 확인할 수 있는 디자인
- 주민들이 애착을 가지고 자주 이용할 수 있는 환경으로 개선

CPTED
GUIDELINE

범죄예방디자인 지침

- 이용률이 낮거나 방치된 공용공간은 주민들의 욕구조사를 통해서 요구도가 높은 용도의 공간이나 시설로 개선한다.
- 후미진 곳에 위치한 유휴공간의 경우 CCTV, 조명, 안전거울과 같은 기본적인 방범시설을 설치한다.

범죄예방디자인 적용방안

CPTED SOLUTION

KEY POINT | 마을 공동텃밭

기존 유휴공간

개선된 유휴공간

CPTED 원리						범죄문제		
자연감시	접근 통제	영역성 강화	명료성 강화	활용성 증대	유지관리	대인범죄	대물범죄	불안감

CPTED REVIEW

위에 제시된 마을 텃밭 디자인은 서울시 주거참여형 지구단위계획 수립 프로젝트에서 고려대학교와 경상대학교 건축학과가 공동으로 수행한 연구의 결과물이다. 주택 후면에 방치된 공지가 많지만 활용되지 못하고 있어 지역 주민들의 불안감을 가중시키고 불량 청소년들의 일탈행위가 자주 발생하는 장소로 지적되고 있었다.

대상지역에는 노인 거주비율이 높고 직접 활용할 수 있는 공간에 대한 욕구가 높은 점에 착안하여 통반별로 공동 텃밭을 분양하고 주민들의 책임하에 관리될 수 있도록 계획하였다. 오른쪽의 사례 역시 주민들이 이용하지 않고 불량 청소년들의 일탈행위가 자주 발생하는 소공원을 대상으로 주민 의견을 수렴하여 마을기업으로 계획한 것이다.

이용이 적은 소공원

주민의견 수렴을 통해서
마을기업으로 리모델링

KEY POINT | 휴게 및 운동공간

기존 유휴공간

개선된 유휴공간

CPTED 원리						범죄문제		
자연감시	접근 통제	영역성 강화	명료성 강화	활용성 증대	유지관리	대인범죄	대물범죄	불안감

CPTED REVIEW

기능이 상실된 자율방범대 시설

커뮤니티 공간으로 리모델링

위에 제시된 사례는 일반주거지역에서 흔히 볼 수 있는 환경인데, 공간 활성화를 위해서 가장 많이 제안되고 있는 휴게 및 운동공간으로 개선한 것이다. 다만, 단순히 휴게 및 운동공간을 조성한다고 주민들이 이용하거나 활성화되는 것은 아니기 때문에 반드시 주민욕구조사나 동의절차를 거치는 것이 필요하다.

한편, 왼쪽의 그림은 자율방범대 컨테이너 박스를 리모델링한 것인데, 해당 시설이 주는 부정적 이미지와 주로 야간에만 이용되는 점을 고려하여 주간에도 주민들이 모여서 교류할 수 있고 지역의 거점공간이 될 수 있도록 마을 카페 기능을 추가하여 환경을 개선한 사례이다.

16 골목길

차로와 보행로

문제점 규명

PROBLEM DEFINE

일반주거지역에서는 차량과 보행자가 함께 이용하는 보차공존 또는 보차혼용로가 많이 산재해 있는데, 차량 중심의 환경에서는 골목길 활성화가 제약되며 보행자 편의를 위한 디자인 적용에도 한계가 있다.

또한 부족한 주차공간으로 인해 그마나 최소한으로 확보된 보행공간으로 차량이 침범하는 사례가 많고 건물 측면이나 담장에 붙여서 주차된 차량의 경우 범죄자의 은신공간이나 건물 침입을 위한 도구로도 활용될 수 있으며, 야간에는 일반인들의 불안감을 유발하는 원인이 되고 있다.

따라서 차량과 보행자 공간을 분리시켜 시야 확보와 공간 활성화, 그리고 쾌적한 지역 분위기를 조성하기 위해서는 교통정온화(**traffic calming**) 기법의 적극적인 활용과 환경디자인 적용이 필요하다.

STRATEGY
DESIGN CONCEPT

Surveillance

Territoriality

Activity Support

전략 설정

- 가로공간 주변 시야를 확보하기 위한 보행로와 차로의 정비와 차량 통행 규제 방안
- 불법 주정차 차량을 단속하기 위해서 임시주차구역을 지정하고 보행로와 차로를 명확히 구분할 수 있는 디자인
- 보행공간 활성화를 위한 유휴공간 활용과 시설 디자인

CPTED
GUIDELINE

범죄예방디자인 지침

- 해당 지역의 교통과 보행패턴을 분석한 뒤 가로구역의 자연감시와 영역성 강화, 공간 활성화를 증진시키기 위해 보행로와 차로를 명확히 분리한다.
- 보행로와 차로의 명확한 분리가 어려운 보차공존, 보차혼용가로에서는 최대한 보행자의 안전을 확보하고 주변과 시선연결이 가능하도록 계획한다.
- 불법 주정차 차량의 관리를 위해서 보행로와 분리시켜 임시주차구역을 지정한다.
- 보행공간 활성화를 통한 자연감시를 증진시키기 위해 보행로와 연결된 유휴공간을 편의시설로 개선한다.

범죄예방디자인 적용방안

CPTED SOLUTION

KEY POINT | 보행로와 차로분리, 거주자 우선주차구역, 커뮤니티공간

기존 보행로와 차로

개선된 보행로와 차로

CPTED 원리						범죄문제		
자연감시	접근 통제	영역성 강화	명료성 강화	활용성 증대	유지관리	대인범죄	대물범죄	불안감

CPTED REVIEW

국내에 범죄예방디자인이 도입된 이후 교통정온화의 중요성은 상대적으로 부각되지 못하고 있다. 그러나 외국의 범죄예방디자인 관련 서적들에서는 보행자 중심의 가로환경조성을 위한 교통정온화기법도 범죄예방의 중요한 전략으로 주목받고 있다.

위 그림은 보행자 안전을 위해 보행로를 지정한 뒤 보호펜스와 보안등을 설치하고, 일방통행으로 차량통행을 규제하고 거주자 우선주차구역을 확보한 사례이다.

그리고 보행로와 인접해 방치되어 있던 공간은 녹지로 조성함으로써 커뮤니티 활성화에 도움이 된다.

기존 보행로와 차로

보행공간 확보 및 임시주차구역 지정, 과속방지턱 설치

KEY POINT | 보행로 확보, 노후 담장정비

기존 보행로와 차로

개선된 보행로와 차로

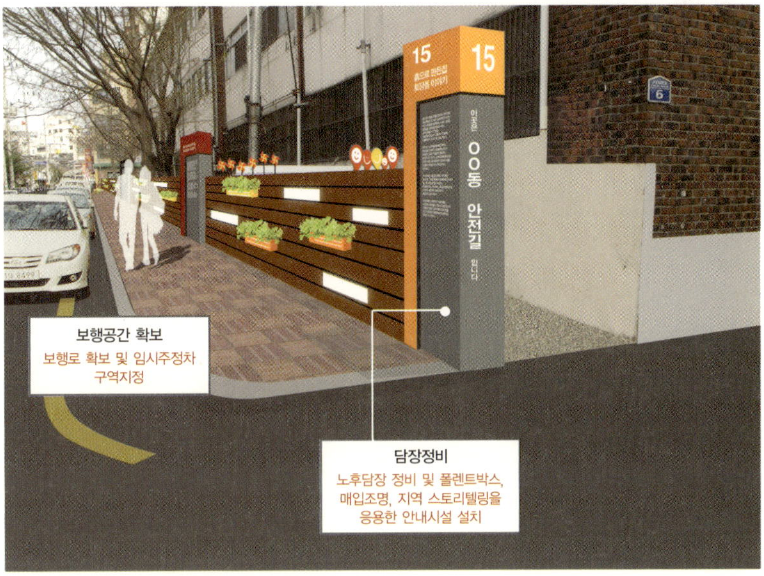

CPTED 원리						범죄문제		
자연감시	접근 통제	영역성 강화	명료성 강화	활용성 증대	유지관리	대인범죄	대물범죄	불안감

CPTED REVIEW

보행자 안전이 위협받는 골목길

야간 보행자 안전을 위한 보행로 확보

골목길에서의 범죄예방을 위해 가장 필요한 것은 주민들이 자유롭고 편안하게 다니면서 공간이 활성화됨에 따라 자연스럽게 감시가 강화되는 것이다.

위 사례는 경상대학교 건축학과에서 수행한 고양시 범죄예방디자인 시범사업의 성과물 중 일부이다. 노후된 담장과 방치된 텃밭을 정비하여 벽면 매립형 화단과 조명, 공공미술품을 계획하고, 보행공간을 확보하였다.

왼쪽의 주차환경 개선 디자인은 경기도 지원으로 고려대학교와 경상대학교 건축학과가 공동으로 수행한 범죄예방디자인 연구의 결과물이다. 해당 사례에서는 보행자와 차량의 이동패턴을 분석하여 야간 보행자 안전을 위해서 거주자 주차구역을 변경하고 보행로를 확보하는 전략이 사용되었다.

17 골목길

막다른 골목 좁은 골목

문제점 규명

PROBLEM DEFINE

막다른 골목이나 좁고 복잡한 구조의 골목길은 평소 인적이 드물고 주변과의 시선연결이 좋지 않아서 주야간 범죄위험이 높은 공간이다.

특히 막다른 골목길이나 옹벽 등으로 인해 막혀 있는 공간은 대부분 방치된 특징이 있으며, 좁고 복잡한 골목길에서는 주변 환경에 대한 정보인식이 어렵기 때문에 현재 위치하고 있는 공간에 대한 부정적 인식을 확대시키고 범죄자에게는 기회적 요인으로 작용할 수 있다.

따라서 막다른 골목이나 좁고 복잡한 구조의 골목길 특성을 고려하여 안전한 이미지를 형성하고 공간을 활성화시킬 수 있는 디자인 적용이 필요하다.

STRATEGY
DESIGN CONCEPT

Surveillance

Territoriality

Activity Support

전략 설정

- 막다른 골목이나 좁고 복잡한 골목길의 야간안전을 위해서 환경특성을 활용한 조명 디자인
- 해당 공간이 주민들의 책임하에 관리되고 있음을 인식시킬 수 있는 디자인
- 골목길 활성화를 통해서 자연감시를 증대시키기 위한 디자인

CPTED
GUIDELINE

범죄예방디자인 지침

- 야간 안전과 감시를 위해 막다른 골목이나 좁은 골목길에는 보안등과 같은 조명시설을 설치한다.
- 막다른 골목의 전이공간이나 좁은 골목길의 벽면 등을 활용하여 주민들의 책임하에 관리할 수 있는 간이화단, 텃밭과 같은 영역시설물을 설치한다.
- 막다른 골목과 주변 가로의 관계를 고려하여 가능할 경우 편의증진과 공간 활성화를 도모하기 위해서 주민들의 이동동선을 연결한다.
- 인적이 드문 좁고 복잡한 골목길에는 안전거울, 비상벨, 보행 유도선과 같은 방범시설을 설치한다.

범죄예방디자인 적용방안

CPTED SOLUTION

KEY POINT | 막다른 골목길 연결, 보안등 설치, 전망대 설치

기존 막다른 골목

개선된 막다른 골목

CPTED 원리						범죄문제		
자연감시	접근 통제	영역성 강화	명료성 강화	활용성 증대	유지관리	대인범죄	대물범죄	불안감

CPTED REVIEW

위에 제시된 막다른 골목 활성화 디자인은 서울시 주거참여형 지구단위계획 수립 프로젝트에서 고려대학교와 경상대학교 건축학과가 공동으로 수행한 연구의 결과물이다.

대상지역은 막다른 골목이 많아서 생활에 불편이 있었는데, 옹벽으로 막혀 있는 막다른 골목과 주변 등산로의 연결 가능성을 확인하였다. 이러한 특성을 고려해 막다른 길과 옹벽 상부 등산로를 연결하고 옹벽 상부에는 전망대를 설치하여 공간을 활성화시키고 주변에 대한 관심과 감시를 자연스럽게 증대시켜 안전한 지역분위기를 조성할 수 있다.

활용성이 없는 옹벽 상부

등산로와 연계된 전망대 설치

KEY POINT | 위치번호 및 공간정보, 다기능 플랜트 박스

기존 골목길

개선된 골목길

CPTED 원리						범죄문제		
자연감시	접근 통제	영역성 강화	명료성 강화	활용성 증대	유지관리	대인범죄	대물범죄	불안감

CPTED REVIEW

방범시설이 없는 취약한 골목길

방범시설, 안전거울, 보안등,
보행 유도선이 설치된 골목길

좁고 복잡한 골목길에는 건물들이 밀집해 있어 토지수용이나 건물매입 등을 통한 전면적인 재개발방식이 아니라면 구조적으로 환경을 안전하게 개선하기에는 한계가 있다.

위 사례에서는 위치정보를 인식할 수 있는 디자인을 적용하여 범죄위험을 감소시키고, 긴급 상황에서는 정확한 신고를 할 수 있도록 유도하였다. 또한 벽면 조명(또는 형광 띠)과 조명기능이 있는 플랜트박스 설치를 통해서 야간 보행안전을 도모하였다.

왼쪽의 골목길 디자인은 도시재생사업단 지원으로 경상대학교 건축학과에서 수행한 범죄예방디자인 연구의 결과물이다. 해당 사례에서는 공동화되고 있는 전통시장 골목길의 안전을 위해 보행 유도선과 안전거울, 보안등과 비상벨 설치 등의 전략이 제안되었다.

18 공적공간

방범시설 조명시설

문제점 규명

PROBLEM DEFINE

가장 보편적인 방범대책으로 활용되고 있는 방범용 CCTV의 경우 법적으로 CCTV로 감시되고 있음을 공지하는 표지판을 설치해야 한다. 이러한 표지판은 잠재적 범죄자의 행위를 심리적으로 위축시킬 수도 있지만 쉽게 인식되지 않아서 해당 효과를 기대하기 어렵다.

한편, 일반주거지역은 복잡한 가로환경으로 인해 위치 확인이 어렵기 때문에 신속한 범죄신고나 도움을 요청하는 데 어려움이 있다.

따라서 이러한 환경적 조건을 극복하고 방범시설과 조명시설의 범죄예방효과를 높일 수 있는 전략이 필요하다.

STRATEGY
DESIGN CONCEPT

Access Control

Legibility

전략 설정

- 범죄자의 접근을 통제할 수 있는 방범시설 설치
- 방범시설과 지역 위치를 쉽게 인식할 수 있는 디자인

CPTED
GUIDELINE

범죄예방디자인 지침

- CCTV가 설치되어 있는 것을 쉽게 인식할 수 있도록 표지판을 설치한다.
- 위치인식이 어려운 골목길을 중심으로 지역에 대한 안전정보를 제공하는 표지판을 부착한다.
- 범죄취약지점의 위치인식과 범죄신고의 편의성을 위해 번호 표지판을 부착한다.

범죄예방디자인 적용방안

CPTED SOLUTION

KEY POINT | CCTV, 안내시설, 비상벨, 스피커, 경광등, 위치번호

기존 가로시설

개선된 가로시설

CPTED 원리						범죄문제		
자연감시	접근 통제	영역성 강화	명료성 강화	활용성 증대	유지관리	대인범죄	대물범죄	불안감

CPTED REVIEW

해당 사례는 경상대학교 건축학과에서 수행한 고양시 범죄예방디자인 시범사업의 성과물 중 일부이다. CCTV를 쉽게 인식할 수 있도록 CCTV가 설치된 폴(pole)의 색채를 차별화시키고 바닥에 별도의 페이빙과 안내 표지판을 부착하였다.

오른쪽 사례는 CCTV와 보안등, 비상벨이 일체형으로 설치된 시큐리티 폴(security pole)이다. 민간 경비업체에서 설치하고 있는 시설로서 취약공간에 효과적일 것으로 예상된다. 이와 같이 CCTV는 주로 범죄취약공간이나 유동인구가 많은 교차로를 중심으로 설치되기 때문에 다양한 기능의 방범시설을 통합시킨다면 범죄예방 효과를 높일 수 있다.

취약공간에 설치된 시큐리티 폴

KEY POINT | 가로등(보안등), 위치번호, 비상벨

기존 가로등

개선된 가로등

CPTED 원리						범죄문제		
자연감시	접근 통제	영역성 강화	명료성 강화	활용성 증대	유지관리	대인범죄	대물범죄	불안감

CPTED REVIEW

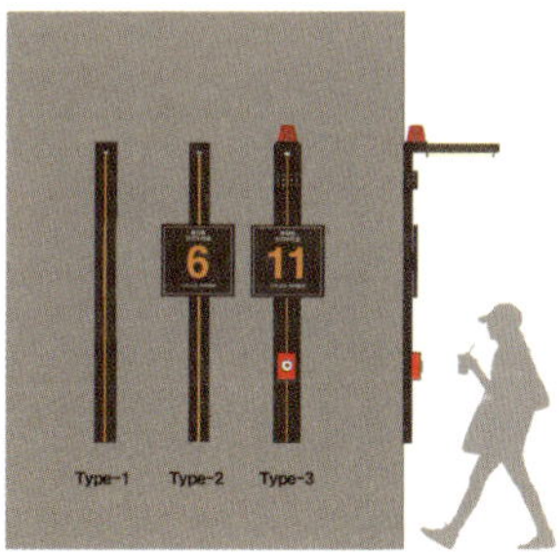

개선된 보안등 디자인 유형

위 사례는 경상대학교 건축학과에서 수행한 고양시 범죄예방디자인 시범사업의 성과물 중 일부이다.

골목길 가로등(또는 보안등)이 보행자 중심으로 설치되지 않거나 빛이 발산되는 형태로 설치될 경우 조명 효율이 떨어지기 때문에 보행자를 직접 비출 수 있는 하향식 조명을 설치하는 것이 중요하다.

가로등이 설치되는 공간의 특성에 따라서는 위치번호, 비상벨 등이 통합된 시설을 설치하는 것이 범죄예방에 도움이 된다.

19 공적공간

안심상점 안전구역

문제점 규명

PROBLEM DEFINE

비상벨 효과에 대해서는 다양한 의견이 존재한다. 비상벨의 설치를 찬성하는 측에서는 비상벨을 누를 경우 경보음이 울리면서 범죄자를 쫓아내는 효과나 비상벨과 연계된 경찰대응시스템으로 가까운 곳에 위치한 경찰관이 출동하는 효과를 기대하고 있다. 그러나 반대하는 측에서는 비상벨의 오작동(또는 장난으로 누르는 일)이나 실제 경보음이 울리더라도 인근에 도움을 줄 사람이 없으면 범죄예방에 큰 효과가 없음을 주장하고 있다.

따라서 비상벨을 무분별하게 설치하기 보다는 민관합동으로 대응할 수 있는 시스템이 갖추어질 경우 범죄취약환경의 특성을 종합하여 설치되어야 한다.

한편, 인적이 드문 곳에서 주민들을 보호할 수 있는 범죄예방디자인의 적용(안심상점, 안전구역 등)도 확산될 필요가 있다.

STRATEGY
DESIGN CONCEPT

Legibility

Activity Support

전략 설정

- 방범시설과 지역 위치를 쉽게 인식할 수 있는 디자인
- 주민들의 안전을 확보할 수 있는 공간 및 시설 디자인

CPTED
GUIDELINE

범죄예방디자인 지침

- 방범시설이 부족하거나 범죄에 취약한 골목길의 경우 주민 이용이 많은 상점이나 건물주 또는 주인이 상주하는 건물을 중심으로 안심주택 또는 안심상점을 지정한다.
- 이용이 적은 공중전화 부스 등을 긴급 상황시 대피할 수 있는 안전구역으로 리모델링한다.

범죄예방디자인 적용방안

KEY POINT ㅣ CCTV, 안내시설, 비상벨, 스피커, 경광등, 위치번호

기존 상점

개선된 안심상점

CPTED 원리						범죄문제		
자연감시	접근 통제	영역성 강화	명료성 강화	활용성 증대	유지관리	대인범죄	대물범죄	불안감

CPTED REVIEW

해당 사례는 경상대학교 건축학과에서 수행한 고양시 범죄예방디자인 시범 사업의 성과물 중 일부이다.

전통시장에 위치한 상점 중 한 곳을 지정해 시인성 높은 디자인과 CCTV, 비상벨 등을 설치하여 긴급 상황시 주민들이 이용할 수 있는 안심상점으로 계획하였다.

여기에 설치된 비상벨은 기본적으로 데시벨이 높은 경보음을 발생시키며 해당 지역 통합관제센터와 연계되어 시스템에 따라 가장 가까운 곳에 위치한 순찰차 또는 경찰관이 출동하도록 설계되었다.

KEY POINT | 안전구역으로 지정된 공중전화 부스

기존 공중전화 부스

개선된 공중전화 부스

CPTED 원리						범죄문제		
자연감시	접근 통제	영역성 강화	명료성 강화	활용성 증대	유지관리	대인범죄	대물범죄	불안감

현재 운영중인 안전구역 공중전화 부스

CPTED REVIEW

위 사례는 경상대학교 건축학과에서 수행한 고양시 범죄예방디자인 시범 사업의 성과물 중 일부이다.

이용이 적은 공중전화 부스를 긴급 상황시 대피할 수 있는 안전구역으로 개선한 계획안이다. 범죄가 발생하는 상황에서 피해자가 안전구역으로 대피할 경우 출입문이 자동으로 잠기고 밖에서는 열 수 없는 구조이며, 내부에는 **CCTV**와 비상벨이 설치되어 있어 관할 지구대의 경찰관에게 도움을 요청할 수 있다.

현재 일부 지자체에서 이러한 안전구역이 설치되어 있는데, 공중전화 부스를 리모델링하기 위해서는 **KT** 관계자와의 협의가 필요하다.

20 공적공간

기타 공간

문제점 규명

PROBLEM DEFINE

범죄자료를 분석하면 특정 유형으로 분류되지 않는 노상에서 발생하는 범죄가 가장 많은데, 노상에 위치한 어떤 공간이나 시설이 범죄에 취약하고 불안감을 유발하는 요인이라고 특정짓기는 어렵지만 대략적으로 불특정다수가 이용하는 환경 중에서 주민이용이 드문 시간대(특히 야간)에 범죄위험이 증가하는 것은 쉽게 추론할 수 있다.

따라서 이러한 노상에 위치한 공적공간과 공공시설물의 편의성과 함께 범죄로부터의 안전성을 높일 수 있는 전략이 필요하다.

STRATEGY
DESIGN CONCEPT

Surveillance

Legibility

Activity Support

전략 설정

• 주변과 시선연결이 강화될 수 있는 디자인

• 각종 방범시설과 안내시설을 쉽게 인식하고 이용할 수 있는 디자인

• 관심을 가지고 적극적으로 이용할 수 있는 디자인

CPTED
GUIDELINE

범죄예방디자인 지침

• 주변 환경과의 시선연결을 통해 자연감시가 강화될 수 있도록 불필요한 구조물은 제거한다.

• 공공시설물의 야간이용 편의와 안전을 고려하여 보조조명을 설치하거나 형광기능이 있는 제품을 설치한다.

• 비상벨이나 각종 안내시설을 쉽게 인식할 수 있도록 명료하게 디자인한다.

• 공적공간의 공간 활성화를 위해서 주민들이 관심을 가지고 자주 이용할 수 있도록 Active design과 같은 활동 프로그램을 도입한 디자인을 적용한다.

• 외진 곳에 위치한 버스 정류장은 투시형 구조로 디자인하고 버스 운행정보 시스템을 설치한다.

범죄예방디자인 적용방안

CPTED SOLUTION

KEY POINT | 불필요한 구조물 제거, 비상벨과 경광등, 보조조명

기존 공중 화장실

개선된 공중 화장실

CPTED 원리						범죄문제		
자연감시	접근 통제	영역성 강화	명료성 강화	활용성 증대	유지관리	대인범죄	대물범죄	불안감

CPTED REVIEW

공원이나 공적공간에 설치된 공중 화장실은 불안감이 높은 장소 중 하나이며, 특히 여자 화장실에서 각종 성범죄의 발생빈도가 높은 것으로 알려져 있다.

위의 사례에서는 공원에 위치한 공중 화장실에 가벽이 설치되어 시선연결을 방해하며 긴급 상황시 이용 가능한 방범시설도 부족한 특징이 있다.

이러한 공간에서는 **CCTV**를 설치하기 보다는 해당 공간의 안전한 이미지 형성과 이용편의를 도모하기 위해 불필요한 가벽을 제거하고 외부 경광등과 연계된 비상벨(여자 화장실 중심), 형광기능이 있는 표지판 또는 조명을 설치하는 것이 중요하다.

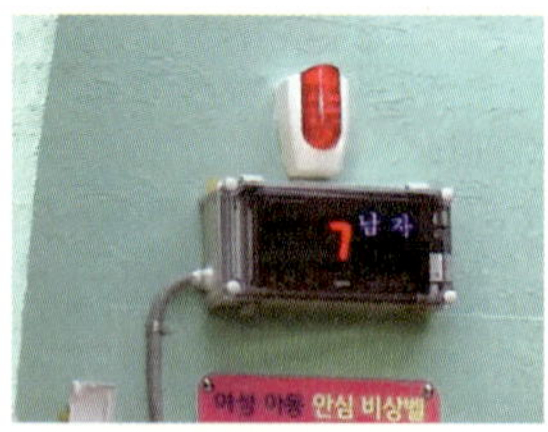

부산시에서 설치하고 있는 비상벨

KEY POINT | 투시형 디자인, 조명시설, 버스 운행 안내시스템

기존 버스 정류장

개선된 버스 정류장

CPTED 원리						범죄문제		
자연감시	접근 통제	영역성 강화	명료성 강화	활용성 증대	유지관리	대인범죄	대물범죄	불안감

CPTED REVIEW

광고로 인해 한쪽이 막혀 있는 정류장

도심지에 위치한 버스 정류장은 유동인구와 심야에도 다니는 차량이 많아서 범죄 위험이 높지 않지만, 지방 중소도시나 시 외곽에 위치한 정류장의 경우 인적이 드물고 정보 안내시스템도 부족하여 야간 범죄에 취약한 문제를 가지고 있다. 실제로 연쇄살인범의 납치 대상물색의 장소로 이러한 정류장이 지적된 사례도 있다.

이러한 문제를 해결하기 위해 버스 정류장은 투시형으로 디자인하고 버스 운행정보를 알리는 시스템을 설치하여 운행이 종료된 이후에도 사람이 정류장에서 기다리는 일이 없도록 하는 것이 필요하다.

버스 운행정보 시스템이 구축되고 투시형으로 디자인된 정류장

범죄 및 불안감을 가중시키는 부적절한 조명시설(위)과 좁고 복잡한 구조의 골목길(아래)

05

건축물 등의 범죄예방 기준 고시

본 장에서는 건축법 53조 2항에 의거하여
국토교통부에서 고시된
건축물 등의 범죄예방 기준에 대해서 정리하였다.

1
총칙

제1조(목적)

이 기준은 「건축법」 제53조의 2 및 「건축법 시행령」 제61조의 3에 따라 범죄를 예방하고 안전한 생활환경을 조성하기 위하여 건축물, 건축설비 및 대지에 대한 범죄예방 기준을 정함을 목적으로 한다.

제2조(용어의 정의)

이 기준에서 사용하는 용어의 정의는 다음과 같다.

1. "자연적 감시"란 도로 등 공공공간에 대하여 시각적인 접근과 노출이 최대화되도록 건축물의 배치, 조경의 식재, 조명 등을 통하여 조절하는 것을 말한다.
2. "접근통제"란 출입문, 울타리, 조경, 안내판, 방범시설 등(이하 접근통제시설이라 한다)을 배치하여 외부인의 진 · 출입을 통제하는 것을 말한다.
3. "영역성 확보"란 일반인이 자유롭게 이용할 수 있는 가상의 영역으로 조경, 조명, 조형물 표지판, 보도, 울타리 등(이하 영역성 강화시설이라 한다)으로 표시하는 권역을 말한다.
4. "활동의 활성화"란 일정한 지역에 자연적 감시를 강화하기 위하여 대상공간 이용을 활성화시킬 수 있는 시설물 및 공간계획을 하는 것을 말한다.
5. "건축주"란 「건축법」 제2조 제1항 제12호에 따른 건축주를 말한다.
6. "설계자"란 「건축법」 제2조 제1항 제13호에 따른 설계자를 말한다.

제3조(적용범위)

① 이 기준을 적용하여야 하는 건축물은 다음 각 호의 어느 하나에 해당하는 건축물을 말한다.

1. 「건축법 시행령」(이하 "영"이라 한다. 별표 1 제2호의 공동주택(세대수가 500세대 이상인 주택단지에 한한다.)
2. 영 별표 1 제3호 가목의 제1종 근린생활시설(일용품 판매점)
3. 영 별표 1 제4호 가목의 제2종 근린생활시설(다중생활시설)
4. 영 별표 1 제5호의 문화 및 집회시설(동 · 식물원은 제외한다)
5. 영 별표 1 제10호의 교육연구시설(연구소, 도서관은 제외한다)
6. 영 별표 1 제11호의 노유자시설
7. 영 별표 1 제12호의 수련시설
8. 영 별표 1 제14호 나목 2)의 업무시설(오피스텔)
9. 영 별표 1 제15호 다목의 숙박시설(다중생활시설)

② 다음 각 호에 해당하는 건축물은 이 기준의 적용을 권장한다.

1. 영 별표 1 제1호의 단독주택
2. 영 별표 1 제2호의 공동주택[다세대주택, 연립주택 및 아파트(세대수가 500세대 미만인 주택단지를 말한다)]

2
범죄예방 공통기준

제4조(접근통제의 기준)

① 보행로는 자연적 감시가 강화되도록 계획되어야 한다. 다만, 구역적 특성상 자연적 감시 기준을 적용하기 어려운 경우에는 폐쇄회로텔레비전, 반사경 등 자연적 감시를 대체할 수 있는 시설을 설치하여야 한다.

② 대지 및 건축물의 출입구는 접근통제시설을 설치하여 자연적으로 통제하고, 경계 부분을 인지할 수 있도록 하여야 한다.

③ 건축물의 외벽에 범죄자의 침입을 용이하게 하는 시설은 설치하지 않아야 한다.

제5조(영역성 확보의 기준)

① 공적(公的) 공간과 사적(私的) 공간의 위계(位階)를 명확하게 인지할 수 있도록 설계하여야 한다.

② 공간의 경계 부분은 바닥에 단(段)을 두거나 바닥의 재료나 색채를 달리하거나 공간 구분을 명확하게 인지할 수 있도록 영역성 강화시설을 설치하여야 한다.

제6조(활동의 활성화 기준)

① 외부 공간에 설치하는 운동시설, 휴게시설, 놀이터 등의 시설(이하 "외부시설"이라 한다)은 상호 연계하여 이용할 수 있도록 계획하여야 한다.

② 지역 공동체(커뮤니티)가 증진되도록 지역 특성에 맞는 적정한 외부시설을 선정하여 배치하여야 한다.

제7조(조경 기준)

① 수목은 사각지대나 고립지대가 발생하지 않도록 식재하여야 한다.

② 건축물과 일정한 거리를 두고 수목을 식재하여 창문을 가리거나 나무를 타고 건축물 내부로 범죄자가 침입할 수 없도록 하여야 한다.

제8조(조명 기준)

① 출입구, 대지경계로부터 건축물 출입구까지 이르는 진입로 및 표지판에는 충분한 조명시설을 계획하여야 한다.

② 보행자의 통행이 많은 구역은 사물의 식별이 쉽도록 적정하게 조명을 설치하여야 한다.

③ 조명은 색채의 표현과 구분이 가능한 것을 사용해야 하며, 빛이 제공되는 범위와 각도를 조정하여 눈부심 현상을 줄여야 한다.

제9조(폐쇄회로 텔레비전 안내판의 설치)

① 제5조 제1항, 제10조 제3항, 제4항, 제5항, 제9항, 제13조 제4항, 제14조 제2항에 따라 폐쇄회로 텔레비전을 설치하는 경우에는 「개인정보보호법」 제25조 제4항에 따라 안내판을 설치해야 한다.

② 제1항에 따른 안내판은 주·야간에 쉽게 식별할 수 있도록 계획하여야 한다.

3
건축물의 용도별 범죄예방 기준

제10조(아파트에 대한 기준)

① 단지의 출입구는 다음 각 호의 사항을 고려하여 계획하여야 한다.

1. 출입구는 영역의 위계가 명확하도록 계획하여야 한다.
2. 출입구는 자연적 감시가 쉬운 곳에 설치하며, 출입구 수는 감시가 가능한 범위에서 적정하게 계획하여야 한다.
3. 조명은 출입구와 출입구 주변에 연속적으로 설치하여야 한다.

② 담장은 다음 각 호에 따라 계획하여야 한다.

1. 사각지대 또는 고립지대가 생기지 않도록 계획하여야 한다.
2. 자연적 감시를 위하여 투시형으로 계획하여야 한다.
3. 울타리용 조경수를 설치하는 경우에는 수고 1미터에서 1.5미터 이내인 밀생 수종을 일정한 간격으로 식재하여야 한다.

③ 부대시설 및 복리시설은 다음 각 호와 같이 계획하여야 한다.

1. 부대시설 및 복리시설은 주민 활동을 고려하여 접근과 감시가 용이한 곳에 설치하여야 한다.
2. 어린이놀이터는 사람의 통행이 많은 곳이나 주동 출입구 주변이나 각 세대에서 조망할 수 있는 곳에 배치하고, 주변에 경비실을 설치하거나 폐쇄회로 텔레비전을 설치하여야 한다.

④ 경비실 등은 다음 각 호와 같이 계획하여야 한다.

1. 경비실은 필요한 각 방향으로 조망이 가능한 구조로 계획하여야 한다.
2. 경비실 주변의 조경 등은 시야를 차단하지 않도록 계획하여야 한다.
3. 경비실 또는 관리사무소에 고립지역을 상시 관망할 수 있는 폐쇄회로 텔레비전 시스템을 설치하여야 한다.
4. 경비실 · 관리사무소 또는 단지 공용공간에 무인 택배보관함 설치를 권장한다.

⑤ 주차장은 다음 각 호와 같이 계획하여야 한다.

1. 주차구역은 사각지대가 생기지 않도록 하여야 한다.
2. 주차장 내부 감시를 위한 폐쇄회로 텔레비전 및 조명은 「주차장법 시행규칙」에 따른다.
3. 차로와 통로 및 동(棟) 출입구의 기둥 또는 벽에는 경비실 또는 관리사무소와 연결된 비상벨을 25미터 이내마다 설치하고, 비상벨을 설치한 기둥(벽)의 도색을 차별화하여 시각적으로 명확하게 인지될 수 있도록 하여야 한다.
4. 여성전용 주차구획은 출입구 인접지역에 설치를 권장한다.

⑥ 조경은 주거침입에 이용되지 않도록 건축물의 창문 등 개구부와 나뭇가지가 1.5미터 이상 떨어지도록 식재하여야 한다.

⑦ 주동 출입구는 다음 각 호와 같이 계획하여야 한다.

1. 주동 출입구는 접근통제시설을 활용하여 통제와 인지가 용이하도록 계획하여야 한다.

2. 주동 출입구는 자연적 감시를 할 수 있도록 하되, 여건상 불가피한 경우 반사경 등 대체시설을 설치하여야 한다.

3. 주동 출입구에는 주변보다 밝은 조명을 설치하여 야간에 식별이 용이하도록 하여야 한다.

⑧ 세대 현관문 및 창문은 다음 각 호와 같이 계획하여야 한다.

1. 세대 창문은 별표 1 제1호의 기준에 적합한 침입 방어 성능을 갖춘 제품과 잠금장치를 설치하여야 한다.

2. 세대 현관문은 별표 1 제2호의 기준에 적합한 침입 방어 성능을 갖춘 제품과 도어체인을 설치하고, 우유투입구 등 외부 침입에 이용될 수 있는 장치의 설치는 금지한다.

⑨ 승강기 · 복도 및 계단 등은 다음 각 호와 같이 계획하여야 한다.

1. 지하층(주차장과 연결된 경우에 한한다) 및 1층 승강장, 옥상출입구, 승강기 내부에는 폐쇄회로 텔레비전을 설치하여야 한다.

2. 계단실에는 외부공간에서 자연적 감시가 가능하도록 창호를 설치하고, 계단실에 폐쇄회로 텔레비전을 1개소 이상 설치하여야 한다.

⑩ 수직 배관설비는 지표면에서 지상 2층으로 또는 옥상에서 최상층으로 배관을 타고 오르거나 내려올 수 없는 구조로 하여야 한다.

제11조(단독주택, 다세대 주택, 연립주택 등에 관한 사항)

단독주택(다가구주택을 포함한다), 다세대주택, 연립주택 및 아파트(500세대 미만)는 다음의 범죄예방 기준에 따라 설치를 권장한다.

1. 창호재는 별표 1의 제1호의 기준에 적합한 침입방어 성능을 갖춘 제품을 사용한다.
2. 출입문은 별표 1의 제2호의 기준에 적합한 침입방어 성능을 갖춘 제품을 사용한다.
3. 주출입구는 자연적 감시를 위하여 가급적 도로 또는 통행로에서 볼 수 있는 위치에 계획하되, 부득이 도로나 통행로에서 보이지 않는 위치에 설치하는 경우에 반사경, 거울 등의 대체시설을 설치한다.
4. 수직배관은 지표면에서 지상 2층으로 또는 옥상에서 최상층으로 배관을 타고 오르거나 내려올 수 없는 구조로 설치한다.
5. 건축물의 측면이나 뒷면, 출입문, 정원, 사각지대 및 주차장에는 사물을 식별할 수 있는 적정한 조명 또는 반사경을 설치한다.
6. 전기 · 가스 · 수도 등 검침용 기기는 주택 외부에 설치하여 세대 내에서 검침하지 않는 구조로 계획한다.

제12조(문화 및 집회시설, 교육연구시설, 노유자시설, 수련시설, 오피스텔에 대한 기준)

① 출입구 등은 다음 각 호와 같이 계획하여야 한다.

1. 출입구는 자연적 감시를 고려하고 사각지대가 형성되지 않도록 계획하여야 한다.

2. 출입문, 창문 및 셔터는 별표 1의 기준에 적합한 침입 방어 성능을 갖춘 제품을 설치하여야 한다. 다만, 건축물의 로비 등에 설치하는 유리 출입문은 제외한다.

② 주차장의 계획에 대하여는 제10조 제5항을 준용한다.

차도와 보행로가 함께 있는 보행로에는 보행자등을 설치하여야 한다.

제13조(일용품 소매점에 대한 기준)

① 영 별표 1 제3호의 제1종 근린생활시설 중 24시간 일용품을 판매하는 소매점에 대하여 적용한다.

② 출입문 또는 창문은 내부 또는 외부로의 시선을 감소시키는 필름이나 광고물 등을 부착하지 않도록 권장한다.

③ 출입구 및 카운터 주변에 폐쇄회로 텔레비전을 설치하여야 한다.

④ 카운터는 배치계획상 불가피한 경우를 제외하고 외부에서 상시 볼 수 있는 위치에 배치하고, 관할 경찰서와 직접 연결된 비상연락시설을 설치하여야 한다.

제14조(다중생활시설에 대한 기준)

① 출입구에는 출입자 통제 시스템이나 경비실을 설치하여 허가받지 않은 출입자를 통제하여야 한다.

② 건축물의 출입구에 폐쇄회로 텔레비전 시스템을 설치한다.

③ 다른 용도와 복합으로 건축하는 경우에는 다른 용도로부터의 출입을 통제할 수 있도록 전용출입구의 설치를 권장한다. 다만, 오피스텔과 복합으로 건축하는 경우 오피스텔 건축기준(국토교통부 고시)에 따른다.

제15조(재검토 기한)

「훈령 · 예규 등의 발령 및 관리에 관한 규정」(대통령훈령 제248호)에 따라 이 고시 발령 후의 법령이나 현실 여건의 변화 등을 검토하여 이 고시의 폐지, 개정 등의 조치를 하여야 하는 기한은 2017년 월 일까지로 한다.

부칙

제1조(시행일)

이 기준은 고시한 날부터 시행한다.

제2조(적용례)

이 기준 시행후 「건축법」 제11조에 다라 건축허가를 신청하거나 「건축법」 제14조에 따라 건축신고를 하는 경우 또는 「주택법」 제16조에 따라 주택사업계획의 승인을 신청하는 경우부터 적용한다. 단만, 「건축법」 제4조의 2에 따른 건축위원회의 심의 대상인 경우에는 「건축법」 제4조의 2에 따른 건축위원회의 심의를 신청하는 경우부터 적용한다.

별표 1
건축물 창호의 침입 방어 성능기준

1. 창문의 침입 방어 성능기준은 다음과 같다.

가. **KS F 2637**(문, 창, 셔터의 침입 저항 시험방법-동하중 재하시험)에 따라 연질체 충격원을 **300mm** 높이에서 낙하하여, 시험체가 완전히 열리거나 **10mm** 이상의 공간이 발생하지 않아야 하고, 시험체의 부품 또는 잠금장치가 분리되지 않도록 하여야 한다.

나. **KS F 2638**(문, 창, 셔터의 침입 저항 시험방법-정하중 재하시험)에 따라 하중점 **F1**(**1kN**으로 재하)는 변형량 **10mm** 이하, 하중점 **F2**(**1.5kN**으로 재하)는 변형량 **20mm** 이하, 하중점 **F3**(**3kN**으로 재하)는 변형량 **15mm** 이하이어야 한다.

2. 출입문의 침입 방어 성능기준은 다음과 같다.

가. **KS F 2637**(문, 창, 셔터의 침입 저항 시험방법-동하중 재하시험)에 따라 강성체 충격원을 **165mm**, 연질체 충격원을 **800mm** 높이에서 낙하하여, 시험체가 완전히 열리거나 **10mm** 이상의 공간이 발생하지 않아야 하고, 시험체의 부품 또는 잠금장치가 분리되지 않도록 하여야 한다.

나. **KS F 2638**(문, 창, 셔터의 침입 저항 시험방법-정하중 재하시험)에 따라 하중점 **F1**(**3kN**으로 재하)는 변형량 **10mm** 이하, 하중점 **F2**(**3kN**으로 재하) 변형량 **20mm** 이하, 하중점 **F3**(**3kN**으로 재하)는 변형량 **10mm** 이하이어야 한다.

3. 셔터의 침입 방어 성능기준은 다음과 같다.

가. **KS F 2637**(문, 창, 셔터의 침입 저항 시험방법 - 동하중 재하시험)에 따라 강성체 충격원을 **165mm**, 연질체 충격원을 **800mm** 높이에서 낙하하여, 시험체가 완전히 열리거나 시험체에 **10mm** 이상의 공간이 발생하지 않아야 하며, 시험체의 부품 또는 잠금장치가 분리되지 않도록 하여야 한다.

참고문헌

국내문헌

1. 강석진, 안전한 도시조성을 위한 범죄위험도 평가연구, 고려대학교 건축학과 박사학위논문, 2010.
2. 강석진, 창원 종합 TB 주거상가지구 생활안전시스템 적용방안 연구, 국립경상대학교, 2012.
3. 강석진, 개봉동 주민참여형 재생사업 범죄예방 환경설계 보고서, 국립경상대학교, 2013.
4. 강석진, 고양시 토당동 범죄예방 시범사업 보고서, 고양시청, 2014.
5. 국토교통부, 범죄예방 건축기준 고시, 2015.
6. 부산시, 범죄예방 환경디자인 시범사업 발표자료, 2013.
7. 서울시, 서울시 재정비 촉진사업 환경설계를 통한 범죄예방(CPTED) 설계 지침, 2009.
8. 서울시, 범죄예방디자인 프로젝트 발표자료, 2012.
9. 이경훈, 주거단지에서의 범죄예방을 위한 디자인 가이드라인. 대한건축학회지 45권 6호, 2001
10. 이경훈, 강석진 힐스테이트 크라임프리 디자인 개발 연구, 현대건설, 2010.
11. 이경훈, 강석진 범죄예방환경설계 인증을 위한 가이드라인 개발 연구, 대림코퍼레이션, 2011.
12. 이경훈, 강석진 에스원 공동주택 범죄예방 설계의 이론과 적용, 문운당, 2011.
13. 이경훈, 강석진 파장초등학교 주변 통학환경개선과 범죄예방 환경설계 방안 개발, 경기도청, 2013.

해외문헌

1. C. Ray Jeffery, *Crime Prevention through Environmental Design*. Sage Publications, 1971.
2. Jane Jacobs, *The Death and Life of Great American Cities*, Random House, 1961.
3. O. Newman, *Defensible Space : Crime Prevention Through Urban Design*, New York : Macmillan.
4. Thimothy D.Crowe, *Crime Prevention Through Environmental Design : applications of architectural design and space management concepts*, National Crime Prevention Institute, 2000.

사례로 이해하는

실무자를 위한 범죄예방디자인

2015년 7월 1일 1판 1쇄 인쇄
2015년 7월 5일 1판 1쇄 발행

저 자 이경훈 강석진
발행인 강해작
발행처 기문당
주 소 서울시 성동구 무학봉28길 4-1
전 화 02) 2295-6171(代)~5
팩 스 02) 2296-8188
출판등록 1976. 10. 7(1-44)
홈페이지 http://기문당
www.kimoondang.com
I S B N 978-89-6225-672-7 93610

인하 후 정가 8,000원

검인생략

이 도서의 국립중앙도서관 출판시도서목록(CIP)은 서지정보유통지원시스템 홈페이지 (http://seoji.nl.go.kr)와 국가자료공동목록시스템(http://www.nl.go.kr/kolisnet)에서 이용하실 수 있습니다.(CIP제어번호: CIP2015017375)